艺术设计系列教材

版式设计
LAYOUT DESIGN

·鲁鹏 著

西安交通大学出版社
XI'AN JIAOTONG UNIVERSITY PRESS

图书在版编目（CIP）数据

版式设计 / 鲁鹏著 . —西安：西安交通大学
出版社，2017.10（2020. 7 重印）
ISBN 978-7-5693-0139-7

Ⅰ . ①版… Ⅱ . ① 鲁… Ⅲ . ①版式 – 设计
Ⅳ . ① TS881

中国版本图书馆 CIP 数据核字（2017）第 233554 号

书　　名	版式设计
著　　者	鲁 鹏
责任编辑	郭 剑

出版发行	西安交通大学出版社
	（西安市兴庆南路 10 号　邮政编码 710049）
网　　址	http://www.xjtupress.com
电　　话	（029）82668357　82667874（发行中心）
	（029）82668315（总编办）
传　　真	（029）82668280
印　　刷	广东虎彩云印刷有限公司

开　　本	890mm × 1240mm　1/16　**印张** 12　**字数** 289 千字
版次印次	2017 年 11 月第 1 版　2020 年 7 月第 3 次印刷
书　　号	ISBN 978-7-5693-0139-7
定　　价	69.80 元

读者购书、书店添货、如发现印装质量问题，请与本社发行中心联系、调换。
订购热线：（029）82665248　（029）82665249
投稿热线：（029）82668133
读者信箱：xj_rwjg@126.com

序言

在进行图书设计或报纸、杂志页面的排版时，如果设计师只是默默地进行而不考虑任何的规律，那么很多时候都会产生一些奇怪的设计感受。在这种情况下，如果有一定的理论作为基础和标准，并且以这个理论为大致的方向和目标，那么设计师在设计的过程中就会比较容易进行判断。按照理论的要求，即使只是对设计进行略微的调整，也能够向出色的设计迈出一大步。

虽然在设计中，感性是一种非常重要的因素，但是这不等于单纯地依靠感性就能设计出美观的版面设计。版式设计是依照视觉信息的既有要素与媒体介质要素进行的一种组织构造性设计，是根据文字、图像、图形、符号、色彩、尺度、空间等元素和特定的信息需要，按照美感原则和人的视认阅读特性进行组织、构成和排版，使版面具有一定的视觉美感、适合阅读习惯、引起阅读兴趣。

本书介绍了一些设计师所必须具备的关于版面设计的理论。结合多年来从事版式编排的教学经验和优秀的学生案例进行分析，注重内容以及方法上的科学性、系统性、技巧性和针对性。本书希望对从事版面设计工作的人，以及希望重新了解设计基础理论的人若能起到一点点帮助的话，我将感到非常荣幸，并在此向刘琼、王珏、梁晓丹等以及书中图片的提供者表示衷心的感谢！

鲁鹏

2017.9

目　录

第 1 章　版式编排设计概述

1.1　版式编排设计的概念及学习目的

1.1.1　版式编排设计的概念

版式编排设计是伴随着现代科学技术和经济的飞速发展而兴起的，是一种艺术创作的过程，具有技术性、艺术性和复杂性的特征。

版式编排设计英文为"lay out"，是指在有限的版面空间将平面设计中的文字、图形、色彩等视觉构成元素，根据特定内容的需要进行有目的、有组织的编排，并运用造型要素及形式美法则原理，以视觉的形式把构思和创意表达出来。简而言之，版式编排设计就是对各个视觉元素进行选择性加工以及设计的版面组织构成。将版面进行有计划、有目的的编排展示，把版面中的各个信息内容作为一种视觉要素，在传达信息的同时，一定程度上吸引读者的目光，帮助读者在阅读的过程中轻松愉悦地获取信息。

"版式"，在《现代汉语词典》中，解释为"版面的格式"；在《辞海》中，解释为"书刊排版的样式"。《辞海》将"版式"限定在书刊排版的范围，实际上是一种狭义上的解释。而广义的"版式"，应当是指各种二维平面形态中，文字或图形编排后的具体样式，甚至包括那些三维立体物中的某种特定的平面状态。

日本设计理论家、教育家日野永一认为："根据目的把文字、插图、标志等视觉设计的构成要素，作美观的功能性配置构成，即为版面设计。"简单地说，版式编排设计就是一种视觉要素间合理性的构成设计。

从一定的意义上讲，版式设计是一门具有相对独立性的设计艺术，一种重要的视觉表达语言。在最早的原始发展时期，人类在岩洞上涂上各种图画和象形文字，就有了如何将它们组织编排方面的思考。到了今天，随着视觉传达设计在环境设计、产品设计、工业设计和信息设计等各方面的发展和应用，对各种图形和文字的组织编排的要求将会越来越高，越来越复杂。

恰当而有艺术感染力的版式设计，能使设计作品更吸引观众、打动观众，使作品的内容更清晰有条理地传达给读者。通过艺术性的处理，版式设计本身也会说话与表达，本书展示的一些没有具体内容的、纯粹运用文字图形编排设计的学生作业，给人深刻的印象与丰富的联想，使视觉传达设计最大限度地发挥其传达信息的功能与作用。

1.1.2　版式编排设计的学习目的

版式编排设计是视觉传达专业的一门基础课程，是在对空间、形态、色彩、力场、动势等设计要素和构成要素认知和研究的基础上，对这些要素的组合规律、对它们的表现可能性及其与表现内容的关系进行全面的学习研究，为以后的专业设计课程，如包装设计、招贴广告设计、企业形象设计等课程打下基础。学生学习好编排设计，可以有效地掌握画面的视觉元素构成、组合、排列的方法，处理好彼此间的关系，并在将来的各种视觉传达设计中可以直接地加以运用。

当今社会，随着经济的发展和人们审美意识的提高，每天都会接触到形形色色的编排设计产品，衣食住行的各个方面都需要编排设计。作为二维平面设计的基础，编排设计自身的魅力与特性早已广泛地延伸到人们的精神与物质领域，成为大众生活中不可缺少的重要元素。通过编排设计，设计者可以将纷繁复杂的设计元素进行有规律、有秩序的摆放，产生视觉冲击力和吸引力，从而达到吸引大众眼球、有效传达相关信息的目的。

版式编排设计的最终目的在于使内容清晰，有条理，主次分明，具有一定的逻辑性，以促使视觉信息得到快速、准确、清晰的表达和传播。版式编排设计的过程要始终以特定信息传播效率的高低作为评判的标准，而不仅仅是以美术创作的概念去评判其价值。

1.2　版式编排设计的源流及发展趋势

1.2.1　中国版式编排设计历史与发展

1. 中国版式编排设计历史

版式编排设计的发展是一个漫长的过程，伴随人类文明进程的产生并发展。人类为了沟通交流传达信息，而产生了语言；为了记载语言、历史事件又产生了象形文字。在人类早期文明发展阶段，无论是岩洞石壁上的绘画涂鸦，还是在泥板或兽骨上刻写的各种象形文字，都有了最早的编排意识。人类通过视觉形式存储信息，并把信息有秩序地进行清晰的整理记录，形成最早的编排设计作品。

在远古的岩画中，我们可以看到编排设计的最初萌芽。夏商周时期钟鼎文排列方式的发展、形成，奠定了中国后世文字的书写形式。中国最早产生带有符号性质的文字出现在新石器时代的陶器上，除陶文外，甲骨文是中国已发现古文字中最早、体系较为完整的文字。甲骨文主要是记录巫师占卜过程及结果所使用的文字，以刀等利器刻在龟壳和兽骨上，文字排列的多种方式与占卜的次序、兆文的方向有很大的关系，主要有单列直行、单列横行、左行、右行。商代文字除了出现在甲骨上，也被铸造在青铜器上，铭文的排列虽受到甲骨形态和刻画工具的限制，不能做到整齐划一，但仍能在排列中看出刻画者已经开始有意识使文字有序排列。早期字数较少的铭文主要是将文字置于图形之中，与图形融为一体，也有将文字排列为特殊图形。商晚期随着铭文字数的增多，对文字形式的处理也更加重视字形的完整性，而且更加注意字形大小以及间距是否一致。到了西周时期青铜器上长篇铭文明显增多，字形、分行、布白较商代更加有序、整齐、规矩，字距和行距的排列也日益趋于规范和成熟，竖有列，横有行，甚至出现了将文字置于界格内的布局方式，整体文字的排列基本传承了甲骨文竖排左行形式，奠定了中国文字的书写形式，也成为后来帛书、简牍的编排和书籍版式设计的基本形式。出土于湖南的战国时期的《楚帛书》（见图 1-1）绘于丝帛之上，文字与图像的编排自由而充满变化，在文字的四周绘有 12 个怪异的神像，帛书四角有用青红白黑四色描绘的树木，环形的构图揭示出远古"向心"规则。就帛书的书法艺术而言，其排列大体整齐，间距基本相同，在力求规范整齐之中又呈现出自然恣放之色。其字体扁平而稳定，均衡而对称，端正而严肃。书体介于篆隶之间，其笔法圆润流畅，直有波折，曲有挑势，于粗细变化之中显其秀美，在点画顿挫中展其清韵，充分展示作者对文字艺术化的刻意追求。帛书的画像列于文字的四围，先以细线勾描，然后平涂色彩，看似漫不经心随意绘出，却将 12 个神灵描绘得姿态各异，活灵活现，他们或立或卧，或奔走或跳跃，各个栩栩如生。同时所绘神灵又显示出很强的写实性，如一些神像身上的斑纹，描绘得细致真切，特别是帛书四周所画的树木，随物赋形，繁枝摇曳，可谓描绘之细、分毫不爽。

中国最早的书籍形式是简册。山东的隋玉简册《三十六计》（见图 1-2），其成书年代上推千年，经过相关专家研究考证，《三十六计》的作者也可以基本确定为南北朝时的名将檀道济。这些玉简册阴刻小篆体文字共计 919 字。简册的背面写有篇名与篇次，方便人们在阅读时查找，这为现代书籍的扉页设计奠定了基础。

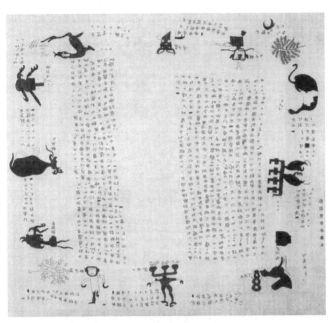

图 1-1　编排设计萌芽 楚帛书

图 1-2　扉页设计渊源 隋玉简册
《三十六计》

　　造纸术的发明，使人类对平面版式设计也有了一定的研究。公元 105 年，东汉宦官蔡伦改进了造纸术，纸的产生为印刷术的诞生提供了必要的前提条件。隋朝时候出现了雕版印刷术，雕版印刷术的出现标志着印刷技术的真正诞生。中国书籍装帧凭借纸张和木板印刷技术的优势，影响了整个传统书籍的版面构成。在大唐时期，中国传统书籍形成了独特的版面风格。无论是封面还是扉页都具有灵活多变的版面特征，既保证了整个版面的整体性，又体现了内容与形式的多样性。1900 年，甘肃敦煌石窟发现的唐代的雕版《金刚经》（见图 1-3），经卷首尾完整，图文浑朴凝重，刻画精美，文字古拙遒劲，刀法纯熟，墨色均匀，印刷清晰，注重图文比例关系，是一份印刷技术已臻成熟的作品，也是至今存世的中国早期印刷品实物中唯一的留有明确、完整的刻印年代的印品。

　　公元 11 世纪，北宋庆历年间毕昇发明了活字印刷术，促进了中国印刷事业的飞速发展，因此宋代被称为中国印刷史上的"黄金时代"。在后来的发展中，印刷技术上一直没有突破，因此，从宋代开始以后的一千年中，中国的印刷版面一直保持着"黄金时代"以来的基本面貌。在印刷技术的推动下，元代书籍设计在宋代原有基础上有所发展，出现了配有书名和插图的扉页设计。《新全相三国志平话》（见图 1-4），扉页的最上端有"建安虞氏新刊"的横批，其下有"三顾茅庐"图画一幅，再下是《新全相三国志平话》的书名，八个特大字双行排列，十分醒目，中间有"至治新刊"四字，字体较小，表明该书刻印的时间。书名标出"新全相"，使之新加上的人物图画以广招读者为目的。

图1-3 唐代雕版《金刚经》

图1-4 最早图文结合扉页
《新全相三国志平话》

2. 中国的古典编排构成版面

中国传统书籍的版式设计对后来的版面设计有很大的影响。中国传统书籍中的文字通常采用竖排，从上到下、从右至左的阅读方式，形成了与当时西方书籍完全不同的版面形式，并且在正文编排的处理上，很早就利用竖排文字间上下穿插的层次关系来表现内容的信息级别。中国古典时期的书籍版面也采用了以装订线为轴对称的版面结构，具有古典编排构成的基本特征。而典型的中国木雕版线装书具有象鼻、鱼尾、书耳、界栏等一系列特殊的结构，书中编排方式，也因功能需要的不同，有着不同编排方式（见图1-5）。正文部分既有标准满版式的编排方式，又有可以让读者进行批注的特定空间的编排方式，也有将图文结合在一页的编排方式。这些功能性的结构具有强烈的视觉符号特征，同时由于中国古典时期的版面几乎没有类似同时代西方版面那样的繁复装饰，因此具有了朴素、安静的视觉内涵。

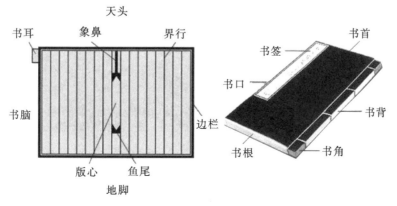

图1-5 中国古典版式构成

中国古典版面的这种编排风格伴随着保守的印刷技术延续了近千年，直到进入20世纪，受到西方现代设计思潮的影响，才逐步被现代主义版面所取代。而传统的版面样式却因特殊的文化习惯和审美价值而得到了沿用，主要用于古籍的再版和传统文化内容书籍的设计。中国的古典版面特征主要体现在纵向的文本排列上，这个延续了数千年的编排秩序在中国以及整个东亚都得到了很好的传承，并通过与西方现代编排形式的结合，形成了纵横结合编排的视觉秩序，建立了具有时代价值的东方古典版面新标准。

古典编排构成有着清晰明确的版式结构以及易于掌握的版面秩序，因而这种样式至今大量复制。对于当今的审美标准而言，典型的古排版面具有较为呆板的视觉样式，因而在现代的编排中，对于古典编排构成的运用常常需要通过一系列的改良，不仅使版面设计具有古典传统风格，更具有一定的现代性特征。例如，如图1-6和图1-7所示，一方面整幅版面采取了文字的竖排形式，字体的选择采用了传统的隶书，版面构成采取了大面积的留白，具有明显的中国古典传统韵味；另一方面，在版面设计中文字的大小和字体的变化、重要的文字和图像的适当的装饰符号化的处理为传统的古典编排构成注入了一定的符合时代特征的视觉元素。

图 1-6 书籍装帧设计 梁晓丹

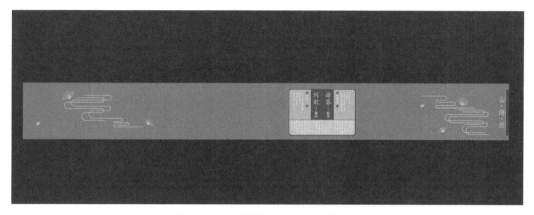

图 1-7 书籍装帧设计 邓宗健

3. 中国招贴编排发展

宋代商业的繁荣发展，特别是南宋以后，以家庭为单位，以手工作坊为主的小商品市场日益活跃。市场商业竞争出现了最早的商标、广告形态。张择端《清明上河图》（见图 1-8）中就生动地体现出了这一点，门面根据不同类型进行装饰，还有独具特色的铺面幌子。上海博物馆收藏了具有代表性的中国最早印刷广告，宋代针铺广告的铜版。铜版高 12.5 厘米，宽 13 厘米，上端横书"济南刘家功夫针铺"，下端有"收买上等钢材，制造功夫细针……"等字句。铜版中上方有一只站立的兔子，正站于台面上持杵捣药。画幅两侧书"认门前白兔儿为记"（见图 1-9）。其广告富有创意，排版清晰明了。

图 1-8 《清明上河图》局部图 宋代集市

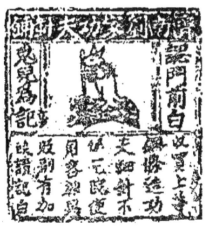

图 1-9 中国古代最早的广告 济南刘家功夫针铺

明清时期注重儒家"以义取利"的思想，认为幌子招财进宝，要在幌子上加一份元宝纸、黄钱、千张等敬神。清代较为流行的广告形式是木版画，多以民间故事、戏曲为题材，还有福、禄、寿为主题的字画（见图 1-10）。中国木版画历史悠久，在清朝达到创作高潮，造型生动，在构图上不强调透视深度而强调装饰性与平面化。在造型排版上力求创新，如明末陈洪绶的《水浒叶子》（见图1-11）。图画的创作反映出当时的使用情境与文人雅士偏好的风尚、品位。这样的设计兼顾了纸牌斗智的机趣与文人觥政所讲究的风雅，也为宴饮雅集增添更多的话题与乐趣性，将大众通俗娱乐与文人精致文化相融合。《水浒叶子》是陈洪绶融合文人精致文化与大众通俗娱乐的巧妙产物，更是其人物画杰出成就中的一大代表作品。

图1-10 清代木版画 年画

图1-11 水浒叶子 陈洪绶

　　20世纪初至20世纪80年代，人们经历着从"臣民"、"子民"到"国民"再到"人民"的身份转变，是具有中国政治历史形态特征的序列，对应着国民精神现代性建构的历史过程。

　　"子民"时期，文字的编排上多受中国传统绘画构图的影响，应用了增加框线等装饰性图形以丰富画面，对于画面结构进行上下、左右、内外分割，主题和正文表达清晰。"国民"阶段，招贴是反映新时代国民意识崛起的独特方式。这一时期具有代表性的画报《良友》，之所以能够改变当时人们的阅读习惯，和它的排版设计有着很大的关系，是一次重要的变革。《良友》将图像置于主导位置，文字为辅，也就是说版式设计越发重要，改"文配图"为"图配文"。例如现藏于中央美术学院图书馆的 102 期的《每日之二十四小时》（见图 1-12），设计者将时钟置于画面的正中央，各种活动的图片则以顺时针的方向置于画面的周围。中间的时钟布置点出了信息的主题，它同时更引导着读者的阅读次序与方向。而时钟循环这个动作的意义，又赋予了图片日复一日、不断重复的规律性及时间感，体现了《良友》骨血里都是美学、人文和艺术。这种形象有趣而又易读的排版方式，今天依旧值得我们借鉴和思考。

图 1-12 每日之二十四小时 良友

20 世纪二三十年代还有中国年画史上异军突起的一个新品种，上海年画史上一个新的历史时期——"月份牌"。月份牌的产生是为了宣传商品而做的广告，借鉴引用了年画的特色，突出民族文化，民族风格，符合大众传统审美情趣。俗话说"牡丹虽好，也需绿色扶持"。一副好的月份牌广告，除了画面吸引人之外，排版也要加以配合，才能使画面生动丰富，引人注意。月份牌虽是中西结合，但表达方式、编排结构充满了东方风情。由于月份牌可以作为家居装饰张贴，因此有一些月份牌广告直接套用民间年画中吉利大字，如屈臣氏大药房月份牌广告画（见图 1-13），中间是镂空的"寿"字，其镂空之处是与所提吉利字相契合的图画。在构图上采用了散点透视法，满足中国人的阅读习惯，并符合中国绘画传统。画面采用对称的格局，在布局上追求满与空的对立统一，满是民间年画构成的格局，利用空的形象在满中求变化，达到画面饱满而又轻松自然，同时运用不同线条制造不同质感来丰富画面，表现主题。

图 1-13 月份牌广告画

"人民"阶段，中华人民共和国成立前招贴广告画主要是革命宣传画，主要是形象图片为主，加以文字标题解释。中华人民共和国成立之后产生了独特的招贴形式——宣传画。这一时期的宣传画采用了大篇幅关于主题的图画并配以具有那一时代感的文字，简单明了，主题分明。最上方红色大文字明确主题，中间是主题图片，描绘了一只手捧着一本书伸到了外太空，形象生动地表达了知识就是力量，可以让一切的不可能变为现实，到达太空以及科学技术接近世界先进水平的目标触手可及。最下方用蓝色文字表明整个宣传画的思想内容，让观者可以全面准确地获取到信息（见图 1-14、图 1-15）。

图 1-14 宣传画 知识就是力量

图 1-15 宣传画 和平万岁

1.2.2 西方版式编排设计的历史与发展

在进入印刷时代之前，整个西方的文献大都是以卷轴和手抄本的形式出现的，内容大多为宗教典籍，书籍成了普通人不能享受的奢侈品，凯尔特人的手抄书籍成了这个时期的版面典型。随着中国印刷术的引进，西方书籍雕版印刷方式得到普及。直到 1455 年，德国人古登堡发明了金属活字印刷术（见图 1-16）。

图 1-16 约翰内斯·古登堡及古登堡印刷

古登堡对印刷技术改进之后，欧洲绝大部分的书籍都只要几十种小方块就能印出来了。于是人们可以在短时间内大批量地生产完全相同的书籍，并且逐渐出现了期刊和报纸，带动了出版领域的繁荣与发展，也扩大了学术思想的传播。当时正值欧洲文艺复兴前期，由于社会经济、科学文教和基督教的发展，对读物的需求量迅速增加，因而极大地刺激了印刷术的发展。印刷技术的革新带来了印刷数量的成倍增加，编排设计的系统化和标准化迫在眉睫，金属活字印刷术使得文字与插图之间可以进行灵活的变化组合，编排设计逐渐摆脱了旧式的木刻制作与雕版印刷，类似于如今的制版技术，古登堡的发明带动了整个德国印刷业的发展。到了15世纪末，德国成为欧洲最重要的印刷工业中心。

随着德国印刷技术和编排经验的流传，欧洲出现了字体设计和版面设计的高潮，这一时期的科学书籍和宗教书籍同时盛行，使得书籍版面呈现了多样的视觉面貌。

18世纪受到洛可可艺术的影响，法国的出版物在具有非对称的布局中，各种曲线装饰和花哨字体成为了时尚的版面要素，在编排时开始慢慢摒弃了之前的标准图书格式，为了扩大版面采用大型号的纸张。这阶段的书籍虽在纸张和尺寸上有所改变，但是在印刷和视觉上几乎没有什么变化。这种状况一直持续到19世纪中叶。19世纪中叶，英国设计师、色彩专家欧文·琼斯（1809—1847）著的《装饰法则》一书，讲述了大量有关美的设计原理和方法，成为19世纪设计师的一本"圣经"。到了19世纪末，版面终于打破常规，完全突破栏的限制，横排文字、水平式版面的革命到来了。水平式版面主要表现为标题的跨栏，大图也可在版面上出现，而且增加了色彩。20世纪初，编排语言的发展是与当时蓬勃兴起的现代艺术不可分割的。现代派的观念和图式极大地丰富了这一时期的编排创作。对现代版式设计的发展有着巨大的、直接的影响的是未来主义的代表人物马里内蒂，他在1909年2月20日发表于法国《费加罗报》上的《未来主义宣言》，用让人震惊的声音提出了艺术与技术的新理念。现代版式设计的根基与20世纪的绘画、诗歌和建筑的根基缠绕在一起。摄影术、印刷术的进步，新的复制技术，社会变革和各种新的态度，有助于消除平面艺术、诗歌和版式设计之间的界限，鼓励版式设计变得更为视觉化、更少语言性。

在版式设计的形成过程中，英国的工艺美术运动、欧洲的新艺术运动和现代艺术运动、德国的包豪斯学院体系以及欧洲的现代主义运动，都为现代版式设计的理论形成与发展奠定了坚实的基础。

1. 工艺美术运动

19 世纪下半叶，英国兴起了"工艺美术运动"，标志着现代设计时代的到来。这场运动以英国为中心，波及了不少欧美国家，并对后世的设计运动产生了深远的影响。以工艺美术设计家莫里斯为代表的传统派不满当时机械化产品的粗糙、简陋，认为真正的工艺产品应该既实用又美观，试图恢复中世纪传统作坊生产的手工产品标准，通过手工技艺进行完美而精致的设计。

英国拉斐尔前派画家、手工艺艺术家、设计师威廉·莫里斯最先倡导了一场工艺美术运动，并随之在欧美得到广泛响应。他的《乔叟诗集》在版面的编排上达到了十分高超的设计制作水准。莫里斯在平面设计上的贡献是非常突出的，他讲究版面编排，强调版面编排的实用性和装饰性，通常采取对称结构，形成了严谨、朴素、大方的风格（见图 1-17）。丰富的曲线、富有生机和运动感的装饰风格很快在书籍装帧等各种工艺美术设计中表现出来，影响了整个欧洲设计界。

图 1-17 威廉·莫里斯版式作品

2. 新艺术运动

"新艺术"运动开始于 1880 年，在 1892—1902 年达到顶峰。"新艺术"运动的名字源于萨穆尔·宾在巴黎开设的一间名为"现代之家"的商店，在欧洲不同的国家对这个运动的称呼也各有不同。值得一提的是"新艺术"运动是历史上第一个完全抛弃对历史的装饰和设计风格的依赖。

（1）"新艺术"运动的起源。

当时，"新艺术"只是被简单地称为现代风格，就像洛可可风格在它那个时代的称呼一样。很多小范围团体的互相聚集，略微改良了当时装饰的流行风格，形成 20 世纪现代主义的前奏。1900 年，贝伦斯出版了自己的一本只有 25 页的小册子《庆祝艺术与生活——作为文化最高象征的演艺事业的审视》（见图 1-18），书中全部采用无衬线字体印刷，这应该是世界上第一本全部使用无衬线字体印刷的书籍。这本书设计朴素无奇，文字外边有简单的装饰纹样环绕，手写字母用简单的几何曲线方法装饰。朴素的字体和版面编排方式，体现了与以往任何时期印刷出版物不同的风格。

图 1-18 庆祝艺术与生活——作为文化最高象征的演艺事业的审视

（2）"新艺术"运动的特点。

"新艺术"运动从它的产生背景和它的宗旨来看，与 1860—1890 年在英国和美国产生的"工艺美术"运动有许多相似的地方：二者都是对矫饰的维多利亚风格和其他过分装饰风格的反对，是对工业化的强烈反应，旨在重新掀起对传统手工艺的重视和热衷，它们放弃传统装饰风格的参照，转向采用自然中的一些装饰，比如以植物、动物为中心的装饰风格和图案的发展；二者都受到日本装饰风格的影响，特别是日本江户时期的艺术与装饰风格和浮世绘木刻印刷品风格的影响。

"新艺术"运动是一个国际性的运动，在一定程度上推动了现代编排设计的发展。"新艺术"运动把哥特式当作一种重要的参考与借鉴来源。版面编排糅合了鲜明色块轮廓和几何装饰，体现出动感、简单明快的艺术表现和非同一般的平面效果。新艺术最终被明确地表达为线的象征主义，"线是优美、激情、流畅平滑、热烈的"。这种美学形式在绘画和书籍插图设计中表现得最为突出。"新艺术"运动在1900年法国巴黎博览会期间达到高潮，是一次影响非常深远的艺术运动。风格上，"新艺术"运动在各国之间有很大差异，但是在设计中追求创新、探索的艺术精神是一致的。作为"新艺术"运动分支的"格拉斯哥"学派、维也纳"分离派"、德国"青年风格"运动均成功地探索了功能化的编排设计以及简单直线在设计上的运用，为现代编排设计的反思奠定了基础。在表现形式上主要的特点是写实中注意画面平面化处理，强调大色块的对比和画面形象要素的戏剧化突出，作品会形成两个层次，以复杂背景突出简单主体，以简单背景突出复杂主体，主构图主要以设计师主观感性判断为主（见图1-19）。

图1-19 "新艺术"运动风格设计

3. 欧洲的现代艺术运动

针对工业技术发展带来的必然结果——工具、机械、设备的现代设计——都没有得到相应的发展。现代工业的发展迫切需要与之相适应的设计观念和设计风格，这促使了现代设计的更新和发展。欧洲现代设计的基础理论和思维方式中三大核心支撑分别是俄国的构成主义、荷兰的风格主义、德国的包豪斯为中心的设计理念。

"俄国构成主义"主要是俄国十月革命胜利前后，在一批先进知识分子中产生的前卫艺术设计运动。其特点是使用点、线、面和黑、白、灰进行有规律的排列，以理性、简洁的几何关系构成平面，开创了现代平面设计的先河。构成主义设计运动在其研究的深度和探索的广度上，与德国包豪斯、荷兰的风格主义占有同样的地位。构成主义最具代表性的人物是俄国的李西斯基。他对数学和工程结构的研究成为其艺术设计研究的核心支撑。为了实现文字的语义内容和视觉形象统一，他把文字构成各种具有意义的几何图形和具象图形，打破传统由左至右的文字排列方式，文字的排列根据图形走向节奏排列，将抽象图形构成了具有革命内涵的招贴风格。他将绘画上的构成主义因素运用到版面设计上，最具代表性的是著名的作品《用红色的楔子打击白军》（见图1-20）。红色的三角形代表布尔什维克党的革命力量，黑色的方格代表克伦斯基的反动势力，运用几何图形来象征革命力量打击反动势力，得到当时俄国人民的认可，引起强烈的反应，简单有力而又富有新意。在版面设计中，其文字排列整齐，形式灵活，封面与内文风格统一，手法一致。

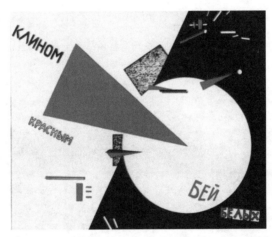

图1-20 用红色的楔子打击白军 李西斯基

"至上主义"是20世纪20年代出现于俄国的一种艺术流派，代表人物是马列维奇。这种艺术流派崇尚极端而单一的抽象表现。与构成主义相似，"至上主义"尊崇理性主义和数学的思维方法。但与构成主义不同的是："构成主义"认为艺术应该服务于政治和实际；"至上主义"则追求艺术上的极致。1913年，马列维奇在白色的画面上放置了一个黑方块（见图1-21），声称："艺术从此不再为政权和宗教服务；它不再体现不同画派的历史演变，不想再以此为目的；它深信艺术可以现实地存在于自身并为自身而存在。"以艺术形式为至上的目的，强调形式就是内容，反对实用主义的艺术观，否认艺术的实用主义的功能性和图画的再现性。

1-21　黑方块　马列维奇

　　"荷兰风格派"的特点是以方形、长方形为最基本的语言来创造几何视觉形象。通过把颜色还原成红、黄、蓝三原色和黑、白、灰三种无彩色，用抽象的比例和构成来代表绝对和永恒。其代表人物是杜斯伯格和蒙德里安。"荷兰风格派"确立了一个艺术创作和设计的明确目的，强调艺术家和设计师的合作，强调联合基础上的个人发展。蒙德里安认为视觉艺术应在现实中找到规律，在无序混乱的现实中找到节奏和视觉上的平衡点。通过一定严谨、理性的变化，达到人们视觉审美的平衡点。风格主义形成之后，版面设计上越来越理性，严谨到运用数学的手段来计算，版面上多运用大小不等的纵横条块状图形，条块间配合整齐的块状色彩，与文字形成大小、疏密的对比关系（见图1-22）。它强调艺术不是简单的描摹，需要抽象和简化，追求纯洁性、必然性和规律性，用纯粹思想构造，追求均衡和理性。

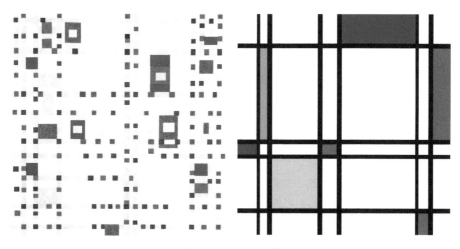

1-22　荷兰风格派　蒙德里安

　　"包豪斯"一词是格罗皮乌斯（包豪斯德首任校长）生造出来的，是德语"Bauhaus"的译音，由德语"Hausbau"（房屋建筑）一词组互换而成。格罗皮乌斯的设计思想一直具有鲜明的民主色彩和社会主义特征。他一直希望他的设计能够为广大的劳动人民服务，而不仅仅是为少数权贵服务。这个思想，其实就是现代主义设计意识形态的核心内容。因此，采用简单的版面编排风格，采用无装饰线字体，就自然成为设计能够为大众服务的形式内容之一，也成为包豪斯的平面设计风格。如果从这个角度看，包豪斯与俄国"构成主义"之间具有一定的意识形态关系。

　　赫伯特·拜耶在版面设计上采用非对称方式，受到"荷兰风格派"和老师莫霍里·纳吉的影响。自从担任字体和印刷设计的老师以后，拜耶致力于创造简单的版面和字体。当时，德国流行的是"哥特体"，非常繁琐与古老，功能性差，不但对于专有名词、每个句子第一个字母要求采用大写字母，同时要求所有的名词的第一个字母必须用大写字母，这使德国的字体设计大大落后于国际水平。拜耶努力改造德国字体的这种落后情况，他认为字体的装饰线条是多余的，也不喜欢大写字母，因而创造了无饰线体、小写字母为中心的新字体系列，成为包豪斯字体的一个特征。图1-23是拜耶为康定斯基60年华诞展所设计的海报。海报使用了康定斯基的照片、姓名拼写和展览信息，大而醒目的文字明确了诉求，快速清晰地传达出了信息。图1-24中版式设计具有完全不对称性、形式的简单性、高度严谨的抽象性，使用简单几何形元素，颜色也减到最少，功能性强。整个版面形成直线分割，保持良好的视觉秩序，画面中有横有竖显得冷静、有力、稳重，直线条运用更是增添了层次感，使画面有序而不单调。

图1-23　康定斯基60周年华诞展海报　拜耶

图1-24　汉斯教授摄影讲座　拜耶

4. 现代主义运动

第二次世界大战以后，随着各国经济的发展，人们的物质生活充足，社会生活与文化呈现出多样化趋势，工业的发展以及包豪斯设计学院的影响，设计师们开始注重为企业服务，注重经济效益，注重与市场竞争的使用理念结合在一起，在西德和瑞士逐步发展形成国际主义版面设计风格。这种风格主要是强调功能特征，通过网格结构和标准化版面公式达到设计上的统一，以简洁明快的版面编排和装饰线字体为中心，形成高度功能化、理性化、非人性化的平面设计方式。这一时期具有影响力的设计师艾米尔·路德，他的设计注重海报的可识别性与易读性，强调字距行距与字体之间的协调和版面留白设计，采用将文字、图形等视觉元素用规整的网格使版式设计达到和谐与统一（见图1-25）。国际主义风格的优势是功能特征明显，表达信息清晰简洁，具有新时代的特征。不足之处主要体现在版面过于单调、缺乏人情味、冷漠、过分追求整齐一致，缺少感情表现，不能满足人们对于审美价值和文化价值的诉求。

图 1-25　艾米尔·路德　海报设计

5. 后现代主义

20世纪五六十年代，现代主义风格受到很多设计师的质疑，伴随着这些疑问，在激烈的思想变革和动荡的社会背景下，战后的新生设计师从不同角度对现代主义编排风格进行了"解构"。在这一时期，出现了"嬉皮风格""迷幻风格"以及"新浪潮风格"，这些风格带给人独特的视觉感受。德国人沃尔根·魏纳特对国际主义进行变革，通过对字体的加工、解构来增加版面的趣味和韵味。同时，民族主义和地方主义的视觉价值也得到了重新认识，日本设计师将平面设计传统与现代编排构成相结合，创作出了大量具有东方特色的编排设计。瑞士人孔茨强调信息以服务功能为主，注重版面的装饰性和趣味性，开创了平面设计的新阶段——"后现代主义"设计风格。平面设计开始以装饰作为平面设计的重要因素和核心。

在版式设计发展过程中，立体主义、解构主义、象征主义、未来主义、后现代主义等新观念和绘画技法都被大量应用到平面设计中，极大地丰富了版式设计的手法和语言。20世纪90年代以来，随着电脑技术的发展和普及，给了平面设计师更高的工作效率、更精良的表现效果以及更广阔的创意空间。Photoshop、Illustrator、InDesign、CorelDRAW等功能强大的软件的出现，开创了版式设计的新纪元。

20世纪是科学技术飞速发展、信息高度膨胀的时代，信息载体也在发生着翻天覆地的变化，带动了视觉文化的发展，也促进了读图时代的到来，图像已经成为人们感知事物和认识事物的常见方式。读图时代的特点是重视图片在版面中的作用，增加图像元素的比重，采用图片作为重要的信息载体，注重图片与文字的配合，使版面更便于阅读，达到更好传递信息的效果。虽然充分发挥图片的视觉优势是这一时期的要求，但设计师更应注意图片在版面中的作用，不能使版面成为电脑技术与编排手段的展示，应该更加注重版面的简约化、整体性、秩序感。

1.2.3　版面编排设计的发展趋势

中国近十年来随着工业化程度的迅速提高，电脑日益成为编排设计的主要手段，编排设计作为设计业最核心部分，也取得了巨大的进步，整体设计水平得到了快速提升。但要赶上世界发达国家的整体水平，并形成具有本民族特征的设计风格，在世界设计业占有一席之地，还需要我们每一个从事设计的专业人士不懈的努力和孜孜不倦的探索。

随着社会的发展、市场的变化，媒介和诉求也在发生着改变，设计师在引导的过程中不仅要有视觉吸引，更需要从视觉秩序入手，符合人的特点和诉求，创造富有品位的多元化设计。要从关爱人类的方式上去合理编辑，引导大众用正确的观念去接受信息，获取最佳的视觉效果。编排设计作品具有直接性和短暂性的特征，并结合社会文化、政治和经济的发展，使其成为时代精神的反映。

版式设计是通过客户的需求，将信息转化为具有视觉创意和表达对象的载体，在观念上对整体编排的内容和形式进行创新。在编排设计的历史中，每一次运动对视觉语言的锤炼，都把形式从传统的定格中解放出来。立足当今的社会现实，预想版式编排设计未来的发展走向，是一件很有风险但意义重大的事情。艺术设计当前所展现的面貌，已经初步显示出未来的发展走向，现今版式编排设计的发展趋势主要体现在以下几个方面：

1. 创意成为首先考虑的因素

创意在排版设计中占有十分重要的位置。平面设计中的创意分为两种：一是针对主题思想的创意；二是版面编排设计的创意。将主题思想的创意与编排技巧相结合的表现已成为现代编排设计的发展趋势。在编排的创意表现中，文字的编排具有强大的表现力，能够进行生动、直观、富有艺术的表现与传达。文字与图形的配置已不是简单的、平淡的组合关系，而是更具有积极的参与性和创意表现性，与图形达成最佳配置关系来共同表现思想和情感。这种手法给设计注入了更深的内涵和情趣，是编排形式的深化，是形式与内容完美的表现（见图1-26）。

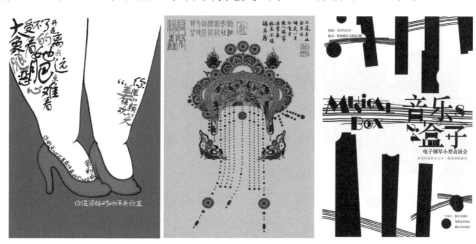

图1-26　创意招贴　周坤静

2. 个性化、多元化、自由化成为编排设计发展的主要方向

国际主义风格在世界范围内建立了一种艺术设计的标准化模式，为艺术设计做出重要贡献的同时，因为作品视觉形式千篇一律的格式化和忽视使用者的人性化需求而引起越来越多的设计师不满。信息时代数字化的生存方式使人类进入了一个前所未有的生存状态，设计已成为连接技术和艺术的桥梁。受高科技发展和后现代主义设计理念的影响，设计师开始根据不同设计主题因地制宜地选择不同的设计风格，越来越多的设计呈现出迥然不同的设计风貌，从根本上动摇了统治设计领域长

达几十年之久的"国际主义"风格。

从流派繁多、风格各异的世界设计领域现状来看，设计师个人的设计风格从没有因国际交流的频繁增加而衰弱或消失。相反，文化多样性和人性多元化的回归成为艺术设计发展的趋势所在。在版式设计中，追求新颖独特的个性表现，有意制造某种神秘、无规则、不理性的空间，或者以追求幽默、风趣的表现形式来吸引读者，引起共鸣，成为当今很多设计师追求的手段。具体来讲，这种观念和风格的多元化既包括设计形式上的更新，也包括设计手段甚至是设计动机上的变革。人们开始注重手工劳动，手工制品逐渐增多，手工印刷的痕迹、木刻字体和版面充实了设计的丰富性，怀旧意味十足。20世纪50年代，设计师利用现实生活中常见的物品、生活垃圾等作为设计的素材，将夸张、变形的拼贴手法运用到编排设计中。

相对于"古典主义"和"国际主义"的编排设计而言的，自由的编排脱离了网格编排带来的僵硬束缚，使编排朝着自由洒脱的方向发展。今天，自由版式设计在现代排版技术不断发展的物质、技术保障下，已经走向成熟，成为编排设计领域不可阻挡的强劲趋势。自由版式设计最早起源于20世纪初的"未来主义"设计风格。"未来主义"打破了传统的设计作风，直接影响了自由版式的创作态度，其特点是字体设置杂乱无章、大小不一、纵横交错，编排设计上随心所欲、一反常规的排列组合。而与摄影照片相结合进行拼贴的创作手法更为自由版式设计开辟了一种编排的方式。

此后很长的一段时间内，自由版式的设计趋向淹没于纷繁复杂的各种设计潮流之中，仍有少数设计师对自由版式方面的设计进行不懈的探索。彼得·施瓦特利用"达达主义"式的照片拼贴与构成主义版面编排相结合，大小交错，倾斜跳跃的文字编排也非常灵活。有的设计师把文字赋予图形的功能，作为画面的构成因素和视觉形象参与到画面之中，随着文本内容的语义或改变大小，或起伏流动，形成跳跃的韵律感。第二次世界大战后，随着信息产业化的飞速发展，设计、排版、印刷等与平面设计紧密相连的环节迅速电子化，设计师摆脱了排版技术、编排成本等问题的困扰，从真正意义上开始了自由版面设计的实践。

通过分析自由版面设计的发展轨迹，我们不难发现，自由版式突破了传统版面顶天立地、由左及右、内外白边的以功能为根本出发点的严谨的编排方式，变成以在一定形式规律下的随心所欲的自由编排。各种类型的字体被转换成为图形来使用，或在版面编排中与其他物体图形相互配合，或与其他图形任意叠加、重合，增加了版面层次。此外，文字还常常冲出画面区域，给予读者丰富的想象空间。

　　然而相对凌乱繁琐的视觉形态使自由版面设计的功能性有所欠缺，这既是自由版面设计的理念之所在，又成为在当今商业社会中自由版面设计发展难以解决的问题。如何解决形式与功能之间的矛盾，如何在自由编排与准确信息传达之间建立平衡，是自由版面设计留给当今设计师们的一道值得为之不懈努力的课题。

　　3. 注重情感的编排作用

　　从当今世界上各大媒体的发展趋势来看，编排设计在表现形式上，正在朝着艺术性、娱乐性、亲和性的方向发展。"以情动人"是艺术创作中奉行的原则。过去那种千篇一律的、硬性说教的、重视合理性的版面形式，已经不能满足受众的需求，取而代之的是一种新文化、新艺术、新感受、新情趣，更加具有魅力。在版面编排设计中，文字的编排能够突出传达着的情感，通过对文字字体、大小、面积的不同编排，体现出不同的情感因素。另外，在空间结构上，水平、对称、并置的结构表现严谨与理性；曲线与散点的结构表现自由、轻快、热情与浪漫。此外，还有出血的设计使感情舒展，框版使感情内蕴，留白富于抒情，黑白给人庄重、理性的感觉等。合理运用编排的原理来准确传达情感，或清新淡雅，或热情奔放，或轻快活泼，或严谨凝重，这正是版式设计更高层次的艺术表现。这种具有人情味、观赏性、趣味性的表达，能迅速引起受众的注意，激发他们的兴趣，从而达到以情动人的目的。设计师只有了解观者情感，才能与观者达到情感上的共鸣，使版式设计的情感得以成功表达，满足消费者的某种情感需求。图1-27所示的第一张图运用了直观图像表现相应情感特征，对整个画面进行渲染，完成想要达到的视觉表现，从而营造出情感气氛，与观者产生共鸣。第二张图片设计师正是抓住消费者的情感需求，表达了饮料能够瘦身减肥"身材美到不想穿衣服"。

图1-27　编排设计中情感的表达

4. 注重高科技介入的编排设计

随着自然科学和社会科学的飞速发展，人类知识总量发生着日新月异的变化，编排设计原有内涵的广度也随之不断扩大与发展，深度逐渐在加强。现如今，电脑已广泛进入设计领域，成为必要的设计工具，给排版设计带来了实现创意的无限潜能和高效率。新技术、新媒介、新理念要求编排设计从传统意义上的静态表现转向动态传达；从单一媒体向多媒体跨越；从二维平面向三维空间甚至是多维的立体和空间延展；从传统的纸质印刷品向虚拟信息形象演进。数码媒体和多范畴组合的崭新手法，不仅使人与人之间相互联系的方法发生变革，而且也直接参与规范我们现实生活的框架，开创出一条崭新的丰富多彩的设计领域。这一切改变均要求编排设计要传达出不同以往的更为深邃的内涵。

编排设计不仅在研究视觉造型、美学、艺术传播学的基础上，而且还融入了语言学、社会学、市场学、心理学、经济学、哲学等诸多学科的探索。运用电脑表现的影像合成、透叠、方向旋转、图像的滤镜特殊技巧等处理方式，形成一个多维空间的版面。因此，版面设计构成不再是一个简单、单一的构成关系，而是构成了多视点、矛盾性空间层次的立体化，以此来刺激观者，产生出前所未有的艺术形式。在电脑和其他现代设备简化了设计流程之后，观念的形成、市场调查、受众视觉感受的组织就成为设计师面临的主要问题。在这种情况下，作为一个新时代的艺术设计工作者，必须要对不同领域的新知识保持足够的敏感，以饱满的热情和积极的态度不断补充自身的不足，迅速掌握设计主题所属领域的核心知识与内容，只有这样才能够完成有效的艺术设计作品。

5. 注重民族特色文化凸显的编排设计版式

民族是在历史上长期形成的具有共同语言、共同地域、共同经济生活以及表现于共同文化方面的共同心理特征的稳定的共同体。由于内部共同的文化体系和心理特征，从宏观上看一个民族在艺术表现形式上高度统一，而一致的民族审美意识则是这种统一形成的基础。如何在艺术设计中融合本民族的优秀文化遗产，进而形成本民族独特、稳定的艺术设计风格，成为当前各国设计师致力解决的重要课题。

民族风格指导着整个艺术设计的发展方向，不论视觉传达设计、建筑设计、产品设计或是服装设计，都着重传扬民族风采、彰显民族特性。作为视觉设计基础的编排设计自然也不能脱离大环境的影响。同时，由于编排设计作品具有创作周期短、实现成本低、传播领域广等特点，使编排设计成为了艺术设计新思想、新语言的实验地。这种实验往往在一个民族内形成了某种共同性的创作思想和表现语言，在一定的发展阶段，这种艺术成果还能够影响其他民族，形成更大范围内的流行形式。

第二次世界大战后，善于学习的日本借鉴了西方发达国家的经济发展经验，重视对艺术设计的扶持和发展，日本设计师从本民族的传统文化中吸取营养，创造性地继承和改造了中世纪的浮世绘等木板技巧所呈现的视觉形态，并结合西方在 20 世纪 60 年代广泛流行的减少主义等设计风潮，创造了具有鲜明民族个性的地方风格，有力地促进了本国经济的发展。随着世界各国的不断崛起，这样的事例将在未来不断涌现。

现代主义之后的设计强调从历史文化中探求设计营养，表达自身独特的气质，从而催生了编排设计民族主义发展趋势的萌芽。世界范围内不同国家和民族的优秀文化遗产是艺术设计的审美根源和永恒的创作土壤，带有强烈的文化和审美共性，提供设计师寻求共性审美永不枯竭的灵感源泉。通过艺术设计发扬本地区、本民族和本国家的历史文化，在国际舞台上可以形成个性化的产品形象，从而提高产品的竞争力。同时，民族化也是谋求国际文化强势地位的需要，伴随政治、经济和文化的发展，国家需要谋求国际舞台上的认同，艺术设计在经济活动中扮演着文化使者的角色，帮助国家增强本土文化的国际影响力，提升国家的综合软实力。随着地区的发展，设计师群体的民族自豪感不断增强，他们也会在作品中有意识地增强本土文化符号和美学思想的表达，这也进一步加强了地方主义的蓬勃兴起。具有中国特色的排版风格，运用了中国传统美学典范的意境美，注重情与景的结合，强调虚实、韵律的把握。空白，既能够烘托强调主题，又可以让人产生联想，产生层次感，以实衬虚，虚实相生，张弛有度，给人以清丽高雅之感。文字、图形、色彩给人以韵律感，使整个版面轻松、优雅、有情调，更加富有艺术感染力（见图 1-28）。

图 1-28 编排设计中中国意境的表达

1.3 版式编排设计的相关常识

设计者在进行版式设计创作时需要对版式设计的相关常识有所了解。例如，版式设计的页面尺寸、出血、印刷工艺与材料等，这些问题必须在开始设计工作之初了解清楚，并作出明确的决定。

1.3.1 页面尺寸

设计师创作出的版式设计绝大部分不会仅仅停留在计算机屏幕上，而是要通过印刷等方式以实物呈现。其中纸张占有较大比重。一般来说，页面尺寸的选择是根据设计的需要而定的，只要能够实现，设计者可以选择任何尺寸、任何形状的页面。但是，在实际的设计工作中，为了使我们在设定页面大小的时候能够更加经济，减少浪费，作为设计者，我们往往会尽量利用现有的常用纸张规格。

1. ISO 国际标准

ISO 系统是基于高度比例为 2 次方根的比例关系而制定的纸张大小标准。这一体系形成了 A、B、C 三种型号的纸张规格（见表 1-1），以适用于不同的印刷用途。

表 1-1 纸张的规格及其用途

纸张规格	适用标准
A0/A1	海报、工程图纸
A2/A3	图表、绘图
A4	杂志、传单、复印纸
A5	笔记本
A6	明信片
A5/B5/A6/B6	书本
C4/C5/C6	用于装 A4 信纸的信封
A3/B4	报纸
A8/B8	扑克

2. 印刷用纸标准开度

我国国内常用的印刷用纸的尺寸有两种：一种是正度纸张，全开的尺寸是 1060mm×760mm；另一种是大度纸张，全开的尺寸是 1160mm×860mm（见表 1-2）。

表 1-2 纸张的规格与尺寸

单位：mm

A 型纸		B 型纸		C 型纸	
规格	尺寸	规格	尺寸	规格	尺寸
A0	841×1189	B0	1000×1414	C0	917×1297
A1	594×841	B1	707×1000	C1	648×917
A2	420×594	B2	500×707	C2	458×648
A3	297×420	B3	353×500	C3	324×458
A4	210×297	B4	250×353	C4	229×324
A5	148×210	B5	176×250	C5	162×229
A6	105×148	B6	125×176	C6	114×162
A7	74×105	B7	88×125	C7/6	81×162
A8	52×74	B8	62×88	C8	57×81
				DL	110×220

1.3.2 单位

在长期的设计工作中，我们必须熟悉版面设计中常用的单位，由于工作需要和传统，形成一个系列单位，这些曾被使用过的大量单位中，有一些被保留下来，并广泛地被后来的设计者们使用。这些单位是标定设计作品尺度的工具，也是设计者用在设计作品尺度上用以交流与沟通的工具。

不同的单位分别适用于不同的情况。常用单位如下：

1. 毫米

毫米是一种十进制国际通用单位。在版面设计中，我们常用毫米这一单位来表示版面尺寸、图片尺寸等。

2. 磅

磅是一个很小的单位，我们常用磅这个单位来表示文字的大小，在很多情况下，我们也用磅为单位来表示线的宽度。在国际上通行着多种磅制：

（1）欧洲大陆磅制（迪多磅制）。

这种磅制将一个标准活字（西塞罗）定位为 12 磅，用以计算版面的行长。欧洲大多采用这种磅制。

（2）英美磅制。

1886 年，美国决定用当时的一个标准铅字（派卡，Pica）的长度为标准，每派卡分为 12 等份，每份为 1 磅。1 磅（英美）=0.3514598 毫米（mm），这个协定被美国和英格兰的印刷工人采纳，并且被那些金属铸字印刷者采用，称为英美磅制。

（3）PostScript 磅制（Adobe 公司定义的新英美磅制）。

PostScript 使用的磅，称为 big point。这一磅制系统被广泛地用在今天几乎所有的计算机软件中。Adobe 在其生产的软件中使用这种磅制，而其他的软件如 Word、CorelDRAW 也采用了这种磅制。

3. 像素

像素是用来计算数码影像的一种单位。当我们仔细观察显示器上显示的图像时，会发现它们是由数量众多的小方点组成的，这些小方点就是构成影像的最小单位——像素。一般依赖于显示器呈现的设计，如网页、界面等，设计师采用像素为单位。

1.3.3 出血

"出血"是印刷中的一个术语，指的是对超过裁切线的图像，在裁切线外留一定的余量，以保证裁切后的成品有色彩的地方能够完全覆盖到页面的边缘。

在页面需要裁切的边缘，我们需要预先设置出血线，并以出血线为依据，放置图片、色块等视觉元素。出血线一般设置在离裁切线 3mm 的位置（见图 1-29）。

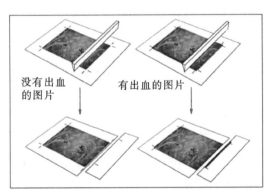

图 1-29 出血线及其作用

出血线是用来界定图片的哪些部分需要被裁切掉的线（出血线以外的部分会被裁切掉，所以也叫裁切线）。印刷厂印制成品的时候，由于精度的问题，不可能每一张纸图案位置都印的分毫不差，如果不留出血线，几百张落起来的纸一起裁切的时候，对准最上面纸张图案的边裁下去，下面其他的纸上的图案边就有可能没有裁到，而留下白边。所以，以图案边缘为基准，多往里面裁一些，这样才能保证下面纸上的图都不留白边。出血线的作用就是多留出这些位置去裁掉。

1.3.4　材料、工艺

在设计中使用什么材料、什么工艺，都会直接影响到设计作品最后的效果，这是设计者要考虑的一个重要问题。并非在计算机上完成了设计稿就算完成了设计。有经验的设计者在设计活动开始之初，就会考虑到最终设计作品将以什么样的材料、什么样的工艺来呈现，必须熟悉一些常用的材料，如不同纸张（铜版纸、胶版纸、凸版纸）、不同油墨（凸版印刷油墨、平版印刷油墨、凹版印刷油墨）之间迥异的基本属性，也需要对不同的工艺（印前工艺、印后工艺）有一定的了解，熟知各种不同特点的印刷方式。这些是一项设计最终能够实现的物质保障。设计者在材料和工艺上的创新也是设计作品获得成功的一个重要因素。

 课后习题

1. 收集国内外不同时期的版式设计作品，分析其版式设计特点，加深对版式设计概念的理解。

2. 走访并调研一家广告公司和印刷厂，了解版式设计的基本流程及相关印刷知识。

第2章 版式编排设计的构成要素及视觉流程

2.1 视觉要素在版式编排设计中的运用

　　造型要素是编排设计作品中的视觉单位。就其特点而言，造型要素可以被认为是占据一定的空间，拥有色彩、肌理和外形的变化，能够为人的视觉所感知的要素。造型要素如同建筑中的砖瓦一样，是构成建筑的最原始的单位，也如同文学作品中的词汇一样，是构成文章的基本单位。设计师在观察和理解画面的过程中，借助编排设计的基本形来概括画面，提高画面的表现及控制能力。编排设计实质上是对特定的视觉领域所做的空间分割，通过合理的空间利用来取得实用及艺术上的双赢。因此，在进行编排设计之前，必须要准确认识基本形的造型特征，对编排设计中所要面对的各视觉元素的空间特征有一个大体的认识。

　　至上主义和构成主义为人们揭示了一个普遍规律：视觉艺术的某一要素，如点、线、面等都具有其自身的表现力。我们将编排设计中的要素归结为基本形，强调的是在编排设计的过程中带着对编排要素的视觉解析和形体抽象，自觉发挥其作为图形的传达功能，进而从容地控制其相互关系。设计作品通过合理编排画面中的各要素，最大限度地满足视觉与心理的需求，而不是背道而驰地出于装饰的需要在版面上堆砌基本几何形体，或是玩弄视觉效果。K.马列维奇的《至上主义》的版面主要通过面和线的编排带来视觉冲击力（见图2-1）；伊万普尼的《至上主义构成》，就是点、线、面的抽象组合编排，对版面空间进行虚实划分（见图2-2）。

图2-1 K.马列维奇《至上主义》

图 2-2 伊万普尼 《至上主义构成》

　　一般来说，设计中都会把点、线、面作为通常意义上的基本视觉元素。这个概念并不是人的主观臆造，而是人们通过观察现实生活，从显示形体中归纳总结出来的。在编排设计当中把它们作为视觉元素的基础仍然是恰当的，或许我们对抽象的点、线、面的特征及构成规律有所认识，但是将它们转换为实际的编排要素后，有限的版面变得复杂起来，给设计师驾驭画面带来很大困难，设计师应该从分析它们的个性入手，深入了解它们在编排设计中的空间架构作用以及视觉形式特征。在编排设计中，要通过对点、线、面视觉要素的形体特征与空间特性的认识，开拓出新的视觉形象、造型观念及"审美趣味"。

　　版式中的版面要素包括版心的大小、文字排列的顺序、字体、字号、行间距和段间距、章节前后的空距、版式的布局和装饰、标题、插图以及页码等。这些要素不仅是版面构成的基本条件，也是版面风格的物质基础。版式设计所涉及的范围很广，是设计者必须研究的课题。每一种版面要素都在版面中各自扮演着重要的角色，恰到好处地使用版面要素能够使版面更加生动、活泼、有趣味性。

　　在视觉形态上可识别的，在画面上有大小、色彩、肌理和外形的变化的叫形态。从编排设计上来说，把形分为抽象的形和具体的形、单一的形和组合的形等。在一定条件下，各种形可以相互转化，点可以转化为线，线可以转化为面，具象的形可以包含着抽象的要素，抽象的形也可以成为具象的形的一部分，这种转化对于我们在编排设计实践中准确而灵活地运用形起到非常重要的作用。

2.1.1 点与版式编排

点是一切形态的基础。在几何学中，点只有位置，并无大小，更无形态变化。点是线段的起点与终点，两线相交形成交叉点。点的感觉是相对的，它是由形状、方向、大小、位置等形式构成的。这种聚散的排列与组合，带给人们不同的心理感应。画面中点可以成为画龙点睛之"点"，形成画面的中心，起着平衡画面轻重、填补一定的空间、点缀和活跃画面气氛的作用；点的组合又成为一种肌理或其他要素，衬托画面主体（见图 2-3、图 2-4）。

图 2-3 书籍装帧设计

图 2-4 封面设计

在版式编排中，点具有一定的内倾性、大小和形态。康定斯基说："点本质上是最简洁的形。它是内倾的，它从未完全失去这一特点——即使它的外表是锯齿形的情况下也是如此……点是一个微小的世界——大致上每一边都相等，并与周围完全隔绝。它能被周围吸收的程度是极少的，而当它已经准确地形成了圆形时，这种吸收是完全做不到的。另外，它稳固地站在它的土地上，丝毫也不偏向任何一方。"在版面中的点，大小、形态、位置不同，所产生的视觉效果和心理作用也不同。点可以具有任何形状，如几何形、有机形或自由形；可以是固态或液态，如点可以是一颗螺丝钉或一个商标；点也可以采用任何材料或肌理来表现。从图 2-5 中，可以看出点在版面中不同的位置，表现出来不同的心理感受。当点位于版面中心时，上下左右对称，视觉张力均等，既庄重又呆板，有视觉心理的平衡与舒适感；当点位于版面的偏左或偏右位置时，会产生向心移动的趋势，过于靠近边缘又会产生离心感；当点在版面上进行上下移动时就有上升或下沉的心理感受。点的缩小起着强调和引起注意的作用，而点的放大则有面的感觉。点沿着斜线方向渐变排列，可形成一种远近变化。

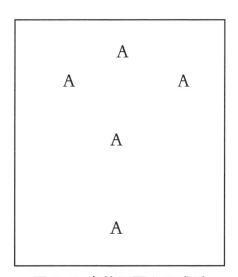

图 2-5　点的不同心理感受

点具有活力。在编排设计中，适当运用点元素，可以使版面变得生动，增添版面的活力，提高版面的视觉度。当编排设计的过程出现面元素太多或者线元素过多，版式让人感觉不舒服的时候，作为一名优秀的设计师就必须具备准确的判断能力，应该考虑是否可以从调整版面元素入手，加入点元素或是直接改变面的形式使其变为点元素，使点元素小而强。图 2-6 通过圆的大小和方向上的变化，强调了画面的动态，有凝聚又有扩散，充满了律动感。图 2-7 通过几何图形的相互组织，色彩的碰撞，整个版式很活泼。

图 2-6　招贴　点的设计　　　　图 2-7　招贴　点的设计

2.1.2　线与版式编排

线游离于点与形之间，具有位置、长度、宽度、方向、形状和性格等属性。直线和曲线是决定版面形象的基本要素。每一种线都有其独特的个性与情感，将各种不同的线运用到版面设计中去，就会获得各种不同的效果。所以说，设计者能善于运用线，就等于拥有了一个最得力的工具。

1. 线的概念

点移动的轨迹为线。线在版式编排中出现的形态具有多样性，有形态明确的实线、虚线，也有空间的视觉流动线。然而，人们对线的概念往往停留在版面中形态明确的线上，对空间的视觉流动线却往往容易忽略。实际上，在阅读一幅平面作品的过程中，视线是随各元素的运动流程而移动的，对这一流程人人有体会，只是人们不习惯注意自己构筑在视觉心理上的这条既虚又实的"线"而已。事实上，这条空间的视觉流动线，对于每一位设计师来讲，都具有相当重要的意义。

2. 线的空间分割

将多个相同或相似的形态进行空间等量分割，获得秩序与美。图文在直线的空间分割下，能取得清晰且有条理的秩序。通过不同比例的空间分割，版面能产生空间的对比与节奏感。在骨格分栏中插入直线进行分割能使栏目更清晰，更具条理，且有弹性，增强文章的可视性。一个成功的版面设计既要考虑版面中各元素的关系，也要注意整个版面的空间关系，以确保版面的和谐。

直观的线在版面中能起到分割画面的作用，这种分割的作用是灵活多变的，和线的长短、粗细、弯曲、开放以及封闭等各种状态密切相关。直线使版面比较庄重、稳定；细线显得比较精致、细腻；粗线则有一种醒目的功能；曲线可以使版面变得生动、活泼；封闭的线条（可以称之为线框）则会使版面的区域性更加明确，同时它对其内部的视觉元素有一定的约束力。设计师应当根据主题的需要选择相应特征的线条来加以修饰，以达到外在形式与内部思想的和谐统一。

在进行版面分割时，既要考虑各元素彼此间支配的形状，又要注意空间所具有的内在联系，保证良好的视觉秩序感，这就要求被划分的空间有相应的主次关系、呼应关系和形式关系，以此来获得整体和谐的视觉空间。将多个相同或相似的形态进行空间等量分割，以获得秩序与美；图文在直线的空间分割下，获得清晰、条理的秩序，同时获得统一和谐的因素；通过不同比例的空间分割，版面产生各空间的对比与节奏感。图 2-8 画面在骨格的分栏中插入直线进行分割，使栏目更清晰、更具条理，且有弹性，增强了文章的可视性。图 2-9 画面中将文本线条化，秩序排列展现内容，具有逻辑层次，丰富画面的同时达到了宣传目的。

图 2-8 招贴 线的分割 (a)　　　　图 2-9 招贴 线的分割 (b)

3. 线的空间"力场"

"力场"是一种虚空间，是指对一定范围空间的知觉或感应，也称为心理空间。在版面中所产生的"力场"，首先是在空间被分割和限定的情况下，才能产生"力场"的感应。具体地说，在文字和图形中插入直线或以线框进行分割和限定，被分割和限定的文字或图形的范围既产生紧张感，又能引起视觉注意，这正是力场的空间感应。这种手法，增强了版面各空间相互依存的关系而使之成为一个整体，并使版面获得清晰、明快、条理且富于弹性的空间关系。至于力场的大小，则与线的粗细、虚实有关。线粗、实，力场感应强；线细、虚，则力场感应弱。另外，在栏与栏之间用空白分割限定是静的表现；用线分割限定是动的、积极的表现。图 2-10 画面中的线基本是直线，从几何中心发散出来，使画面非常有张力，运用不同的颜色，使线条之间有层次感，让画面不杂乱，又起到分割作用。图 2-11 画面中的线具有张力并具有弹性，结合面展现版面空间纵深距离，使整个画面表现层次感。

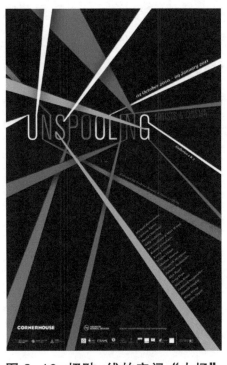 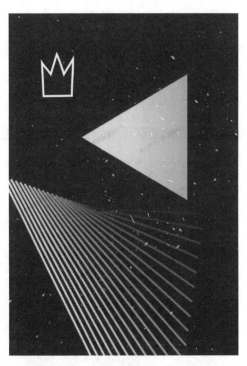

图 2-10 招贴 线的空间"力场"　　　　图 2-11 招贴 线的"力场"

4. 线框的空间约束的功能

在强调情感或动感的出血图中，若以线框配置，动感与情感则获得相应的稳定规范。线框细，版面则显得轻快而有弹性，但气场的感应性弱；当线框加粗，图像有被强调的感觉，同时诱导视觉注意；但线框过粗，版面则会变得稳定、呆板、空间封闭，气场的感觉明显增强。

由于线具有不同特征和它在视觉上的多样性，使线的情感因素应运而生。因此，在进行版式编排之前，应先对线的运用有一定的了解，知道怎样的线和形式比较适合于哪一类版面，这是极为重要的。画面标题醒目，图片的摆放有较强秩序感，画面被线框进行了分割，使画面既稳定又不失变化（见图 2-12）。

2-12 宣传册 线框的空间约束

2.1.3 面与版式编排

面在编排设计中所占的比例相对比较大，它是指具有相对长度、宽度或外围形状的形象，可以是一个色块、一张图片，也可以是一段文字。基本外形轮廓可以是规整的矩形，也可以是不规则的其他图形；可以是实的具体的视觉形态，也可以是由诸多要素组成的概念性虚面，如一段文字、一组点状元素等。

面可以分为几何形面和自由形面两大类，几何形面可以使版面相对庄重、大方，自由形面则使版面相对活泼、跳跃。另外面还可以有疏密关系，以及黑、白、灰的变化，这取决于组成面的视觉要素之间的位置关系，以及面与面之间的对比关系。总之，在编排设计时，应注意面的大小、疏密、形状和其他元素之间的关系，使之既服务于主题又不失其个性。图 2-13 将同系列的图片切割，外加干净的底色，整个色调清新舒适。图 2-14 通过不同块面的不同大小、形状和颜色来丰富画面，给视觉带来震撼的效果。

图 2-13　招贴 面的编排 (a)　　　　图 2-14　招贴 面的编排 (b)

2.2　版式编排设计中的黑白灰处理

　　版面设计的黑、白、灰是指在版面中不同明度的色彩与版面之间的基调关系。无色的纯粹黑白版面能产生出明暗层次，而有色彩版面由于不同色彩本身明度系数的差别以及色彩不同的对比与搭配，同样会产生出深浅不同的层次关系，这在版面视觉语言中均为黑白灰关系。通常情况下，白色是敏锐的，其次是黑色，最迟钝的是灰色。也就是说亮色是版面的近景、暗色是版面的中景、灰色是版面的远景。处理好版面的黑、白、灰对比关系，会使版面富有层次感，清晰悦目，增强版面设计的艺术效果。

　　作为版面的黑白灰关系，在版面整体和谐的意境中起着重要的作用。它可以在不知不觉的情况下影响着人的情感。强烈的黑白灰对比关系使人感到明快、饱满的视觉兴奋，但它也会使人感到不安、刺激和视觉疲劳；统一的色调会给人一种柔和、淡雅、含蓄之美，但同时也有轻微不足的感觉，因此导致视觉兴趣减弱；过分统一而缺少对比关系，就缺少活力，显得呆板平淡。黑白灰之间的互相作用、互相对比之下会千变万化，所产生的直接性和间接性心理感应也同样是千变万化。如何使画面呈现和谐之美，只有在对比中求得统一，在统一中求得变化，使它们之间的关系在调和的情况下，才能够达到艺术美的境界。版面强调形态与色彩变化的秩序感，将形态的诸多因素与色彩的诸元素在服从内容的前提下依照一定秩序进行组合，才能发挥出其特有的作用。图2-15、图2-16是对编排设计的整体性分析，即去除色彩色相的差异性，细节上的表现性，将画面从整体性的角度，分析画面的黑白灰关系，分析版面设计的构成样式。

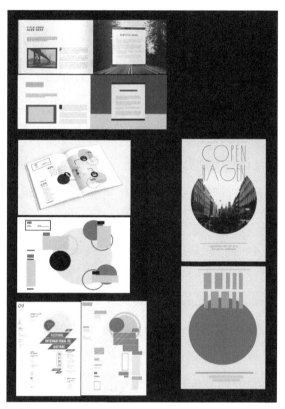

图2-15 编排设计的整体性分析
郑潇

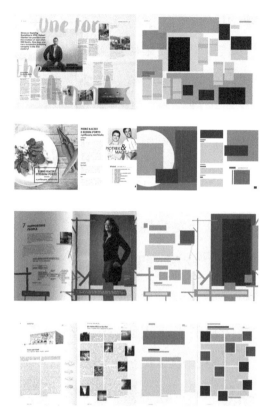

图2-16 编排设计的整体性分析
汪怡婷

2.3 肌理在版式编排设计中的运用

肌理是指材料本身的肌体形态和富于变化的外部纹理现象。"肌"一般指物体表面特定的凹凸变化与构造，"理"一般指物体表面特殊材料和构造交错形成的表面纹理。肌理是一种客观的物质表现形态，是物质的表现形式。肌理从形态上可分为三种：静态的——相对不变的肌理，如石头、木纹、玻璃、塑料等；动态的——因条件改变而变化的肌理，如雨雪、云雾、光电等；人工的——经过人为刻意加工或偶然生成的肌理，如纺织纤维等。其次，从感官体验上，肌理又可分为视觉肌理和触觉肌理。

肌理在编排设计中占有非常独特的地位。不同的肌理效果能够产生不同形态的设计作品。当看到不同肌理效果的设计时，读者不仅获取了编排的信息，而且在内心也能产生视觉和触觉的多元体验。

编排设计虽然一般在平面的二维空间上进行设计，但是在设计时结合现代科学技术和印刷工艺，同样能够使画面产生不同肌理效果。比如对图片、文字的处理能够产生不同的视觉肌理；在印刷后期运用起凸、印金、全面 UV、烫金、磨砂、模切、水热转印、折光、滴塑、冰花、刮银等工艺，使设计作品产生光滑和粗糙、平整或凹凸不平、坚硬或柔软等触觉肌理。总之，设计师可以融合多元思想、多元文化、多元观念意识，提出材料在编排设计中的新的视觉化语言，并创造新图式。

在编排设计中，设计师一般会考虑到用什么样的形态、色彩和肌理等来实现这一创意。合理地运用肌理，不仅扩展了视觉及心理的空间，而且更具有人情味和亲切感。编排设计中的肌理语言可以充分表达设计师的情绪和传递设计的意象。因此，设计师应该多方了解不同材质的特征，根据自己的感受和认识大胆尝试各种肌理的可塑性，以开发编排设计的多样化的表现力。

2.3.1 材质的肌理

材料本身具有的肌理和纹样，叫做一次肌理（见图 2-17）；凡在各种基体材料或饰面材料上采用印、染、轧、压、喷、镀等技术手段进行表面工艺处理形成的纹理或材料在加工、拼接过程中形成的凹凸变化和接缝处理，叫作二次肌理。一次肌理近观效果好，二次肌理偏重远观效果；一次肌理效果比二次肌理效果隐蔽。不同的材质给人以不同的触觉、联想、心理感受和审美情趣。

在编排设计中除了考虑点、线、面、色彩等元素，对于肌理的组合也要加以重视。不同的肌理组合在一起能够丰富编排设计的形式语言。根据编排的内容，变换不同的材质，造成画面质感的差异，从而以多样的表现方法来丰富编排设计的内涵。

图 2-17 自然现象中材质肌理的不同

2.3.2　文字的肌理

文字作为编排设计中关键的信息和主导性视觉元素，可以划分为标题、正文及装饰性文字等部分。它受到情感因素的影响，成了一种有效地传达内容和情感抒发的载体。而肌理所赋予文字的不仅仅是外在的视觉语言，还反映内在的本质、属性及其心理情感的表现、暗示等。文字的表面可以由不同的纹理来丰富，赋予其多变的外衣与鲜活的生命力。文字组合形成视觉肌理质感不是形，也不是色，它是易于使人产生触摸欲望的视觉造型要素。同时，文字本身也可以作为肌理的构成要素，组成各种效果的纹样，丰富所有的视觉元素，如广告语、标题、正文、说明性文字等。图 2-18 画面编排通过文字与文字之间的交错，通过文字的字形、字号、间距、行距及组合编排形式的变化，产生出有序、无序的组合形式，使画面直观而强烈。图 2-19 画面中文字使用金属质感肌理，增强画面冲击力，让整个版面震撼并且具有厚重感。

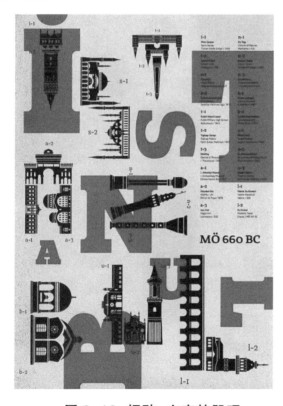　　

图 2-18　招贴　文字的肌理　　　　　图 2-19　招贴　文字的肌理

2.3.3　图片的肌理

对图片添加不同的质感和特效，不仅可以弥补原始素材在清晰度上的不足，同时还可以引发不同的联想与情感。图片的手绘效果具有艺术化和人性化的特点；图片的破损效果可以给人带来颓废、陈旧的感觉；图片的数字化则具有很强的时代感等。图片肌理的处理方法大体可以分为两类：手绘制作和计算机辅助制作。手绘肌理制作有凸雕、描绘、烙印、喷刷、印拓、烟熏、流痕、撕裂、刮擦、拉毛、剪接、晕染、拼贴等手段；而数字化图片肌理的形成则是通过对原有图像进行复印、拍照、扫描后形成电子文件，然后用设计软件进行数字化处理从而达到与设计内容相匹配的肌理效果。图 2-20 画面通过主体形象和背景之间的肌理对比，主体更加突出鲜明，富有层次感。图 2-21 画面当中通过主要人物侧面表现，并添加城市图案肌理，整个画面丰富且具有空间层次，突出了海报的主题。

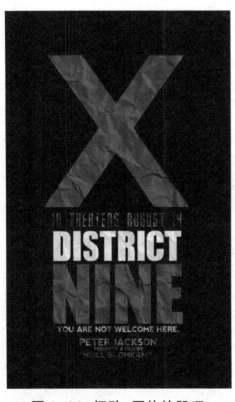

图 2-20 招贴 图片的肌理　　　　　　　图 2-21 招贴 图片的肌理

2.4　视觉流程设计

　　视觉流程是一种视觉引导，是指受众阅读版式时获取信息的先后顺序。版式设计本质上是一种规划，是为了传达一定信息而做出的视觉功能性载体，功能性是第一位的，设计是要解决看什么和怎么看的问题，建立恰当的视觉流程有利于受众对版式能够有序地认知和接受，并在此过程中感受到形式的要素。好的设计师通常会在作品中以设计好的路径来引导观者的阅读顺序。在设计时，设计师应充分考虑到观者的心理特点，在强调功能效果的同时注重艺术性，为阅读营造出一个轻松愉悦的微观环境，达到功能性与艺术性的和谐统一，将需要传达的信息按照视觉规律进行有效的处理，积极地引导读者有序地获取信息。

2.4.1 怎样建立视觉流程

正如空间设计讲究功能分区和动线安排，每一个空间都有其独特的功能需求和作用，要通盘考虑才能设计周全。版式设计亦是如此，设计者首先应该明确版式传达信息的目的、内容和要求，先对文字信息进行提取和归纳，使文章的信息有明确的层次和群化结构，然后对图形进行适当的分类和处理，最后根据顺序对元素做出合理的编排。视觉流程的形式由版式的内容而确定，可以根据内容之间的主次关系、并列关系或逻辑关系顺序进行安排，设计者再选择适当的版式予以体现，同时还要兼顾形式感和阅读性。

2.4.2 视觉流程的种类

1. 线向视觉流程

编排设计中的视觉流程是一种视线的"空间运动"，这种视觉的版面空间流动所形成的路径线被称为"视觉虚线"，这条线连接着版面各个元素，引导人们的阅读。

版面视觉流程的形成是由人类的视觉特性所决定的，因为人眼晶体结构的生理构造只能产生一个焦点，这也决定了人们不能把视线同时集中在两个或两个以上的位置。所以在对版面元素进行安排时，我们必须确定它们在版面中的主次关系与先后顺序，做到有的放矢。

"从上到下"以及"从左到右"的线性排版方式是根据视觉顺序建立视觉流程的一种形式，这种最为普通的方式顺应了人们日常视觉习惯，使阅读在一种不经意和下意识的状态下自然地进行，舒适而又高效，在阅读过程中自然获取信息。线向视觉流程简单明了，具有强烈的引导和指引方向的效果。线向视觉流程分为直线视觉流程和曲线视觉流程两类。

（1）直线视觉流程。

直线视觉流程版面设计中的直线视觉流程最为简单直观，能够直接地表现出主要内容，产生简练干脆的视觉效果。直线视觉流程表现为以下四种形式。

①竖向视觉流程。

在版面中有一条或若干条竖向视觉线贯穿于版面中，指引人们的视线自然地从上到下的来回地浏览，给人以直观流畅、清晰、明确、简单、坚定的感受。版面元素依据直式中轴线为基线进行编排，引导视线在轴线上做上下的来回移动，常用于简洁的画面构成之中。但是这种视线的上下移动要把握好上下之间的距离，避免视觉疲劳的出现。这种竖式的流程设计使版面具有很强的稳定性，有稳固画面的作用。图 2-22 画面中文字版式采用竖向设计，给人流畅透气的感受。图 2-23 在简洁的版面当中，文字版式采用竖向设计，融合画面素雅的基调，更加清晰明确。

图 2-22 招贴 竖向视觉流程 朱慧玲　　　　图 2-23 招贴 竖向视觉流程

②横向视觉流程。

横向的视觉流程是通过版面元素的有序排列，引导视线在水平线上做左右的来回移动，是最符合人们阅读习惯的流程安排。横向的视觉流程安排让版面的构图趋向于平稳，能够给人带来一种安宁与平和的感受，给版面定下一个温和的感情基调，常用于比较正式的版式设计之中。图 2-24 画面中文本横向读取，整个画面采取水平构成形式，使音乐文化节显得更隆重。图 2-25 画面当中的文字内容采用横向视觉版式设计，但通过字体、肌理、色彩的对比，整个版面显得既稳定又活泼。

图 2-24 招贴 横向视觉流程
王红

图 2-25 招贴 横向视觉流程

③斜向视觉流程。

斜线视觉流程是一种具有强烈动态感的构图形式，引导视线从左上角移动到右下角或是从右上角移动到左下角。这种倾斜的视觉效果带来不稳定的心理感受，具有强烈的运动感，能够有效地吸引人们的注意力。图 2-26 画面中运用倾斜构图视觉走向，增强视觉冲击力，紧紧抓住人们的眼球。图 2-27 版面文本以及图片也均采用倾斜视觉流程构图，文字版式结合图片的走向，让整个画面具有动感，给人不稳定的视觉感受。

图 2-26 招贴 斜向视觉流程 张梦迪　　　图 2-27 招贴 斜向视觉流程

④重心的视觉流程。

重心的视觉流程指的是视觉心理上的重心，它是版面中最具吸引力的地方，能够起到稳定画面的效果，这种以视觉重心为基础的流程设计使版面产生强烈的视觉焦点，使设计的主题更为鲜明而强烈。根据不同版式的不同需求，视觉重心在版面上的位置变化也会引起人们心理感觉的变化。视觉重心偏上，会给人一种升腾、飘逸、积极和危险的感觉（见图 2-28）；视觉重心偏下，则会带来压抑、限制和稳定的感受（见图 2-29）；视觉重心在左边，会带来轻便、自由、舒适和运动的视觉印象（见图 2-30）；而视觉重心在右边，则会使人感到急促、局限和运动感（见图 2-31）。

图 2-28 招贴 重心偏上 刘子琪

图 2-29 招贴 重心偏下 王滢

图 2-30 招贴 重心偏左 姚瑶

图 2-31 招贴 重心偏右 曹文娟

（2）曲线视觉流程。

版面设计中的曲线视觉流程虽然不如直线视觉流程直接简明，但其更具韵味、节奏和曲线美，其含义深广、构成丰富。它可以是弧线形"C"，具有饱满、包容和方向感；也可以是回旋形"S"，有无限的变化，能使形式与内容达到完美的结合，在版面设计中增加深度和动感。"S"形图案和文本的构图，显得画面具有弹性且有活力，更具创意（见图2-32、图2-33）。

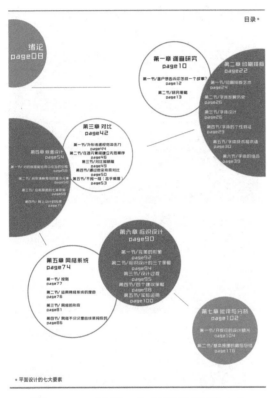

图 2-32 目录 曲线视觉流程 (a)

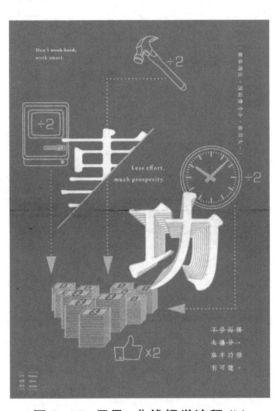

图 2-33 目录 曲线视觉流程 (b)

2. 导向视觉流程

导向视觉流程主要是通过引导元素，引导读者的视线按一定的顺序和方向移动，并由大到小、由主及次，把版面中的各个构成要素按顺序连接起来，形成一个视觉整体；同时，突出重点、条理清晰，发挥它的信息导向功能。它也是最具活力、最具动感的流畅型视觉流程。版面设计中的导线，虚实结合、形式多样，如文字导向、手势导向、指示导向及形象导向等。

（1）用文字的导向因素进行版面的视觉流程设计最为简单实用，直观地传达宣传内容，将文字大小、主次区分，信息层级主次分明，整个版面透气且条理清晰（见图2-34、图2-35）。

图 2-34 文字导向视觉流程　　　　　　图 2-35 文字导向视觉流程 梁晓丹

（2）手势的导向是设计师常用的视觉导向元素，其特点轻松自然、生动有趣。

图 2-36 画面中通过手指引导视觉视线，完美地展示文本内容，手指与钢琴的结合，显得主题生动有趣。图 2-37 版面中，手拿掉字母的笔划，紧紧抓住人的注意力，让整个画面活泼生动起来。

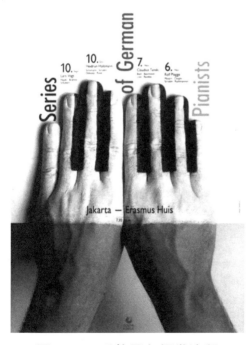

图 2-36 手势导向视觉流程　　　　　　图 2-37 手势导向视觉流程

（3）指示导向的视觉流程是运用箭头所示的方向，使视线移动的导向明确，形成目标主题，给人以醒目、强烈的视觉感受（见图2-38、图2-39）。

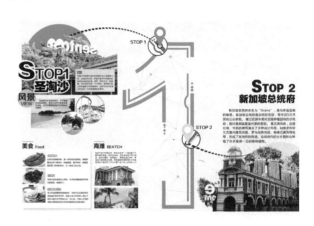

图2-38 目录 指示导向视觉流程

图2-39 型录 指示导向视觉流程
李炳昕

（4）形象导向的视觉流程通过把观众的视线引向主题，有效地增强了画面重点的凝聚力和注意力。当然，有时在版面中并无明显的导向元素，但读者仍能从巧妙的版面设计中感觉到视觉流程的存在（见图2-40）。

图2-40 招贴 形象导向视觉流程 夏小宜

3. 散点视觉流程

散点视觉流程是最强调版面视觉个性化的一种表现形式（见图2-41）。它注重情感性、自由性和随意性，追求一种新鲜、刺激的视觉感受。在版面设计中，图形与文字之间形成自由分散的编排状态。它的阅读过程不如直线、弧线等视觉流程快捷，但更生动有趣。也许这正是版面设计刻意追求的轻松随意与慢节奏的效果，这种设计方式在国际上运用得较为广泛。

图 2-41 招贴 散点视觉流程 曾艺豪

4.复向视觉流程

复向视觉流程主要是指把相同或相似的版面视觉要素进行重复、有规律的排列，使其产生有秩序的节奏韵律，从而起到加速视觉流动的功效。其中包括：连续视觉流程，采取将图形连续构成的方式，产生一种回旋的气势，其特殊的审美风格能增加记忆度；渐变视觉流程，包括图形与文字元素的渐变，能形成强烈的视觉动感，给人流畅与愉悦的感觉；近似视觉流程，把相近似的图形编排在版面中，营造出版面的一种情理之中、意料之外的氛围。

2.4.3 最佳视域

在画面上，视觉中心往往是对比最明显的地方，不显眼的元素往往因为对比而显得异常突出。动与静、大与小、黑与白、具象与抽象，以及位置、数量等一切容易被理解的其他因素，在各自的艺术形式中都可以成为视觉中心。心理学家认为：在一个限定的范围内，人们的视觉注意力是有差异的。一般，人的注意力价值最大的地方是画面的中上部和左上部。上部让人感觉轻松和自在，是视觉中心对比最明显的地方，下部和右侧则让人感觉到稳重和压抑。版面上部的视觉力度强于下部，且左侧的强于右侧的。这是人们在长期的生活中形成的视觉习惯，也正是这种自然的习惯形成了一定的视觉流动规律。图 2-42 中"口"字将人们的视觉焦点集中在老虎的"王"字中,突出虎乃兽中之王,并突出主题的作用。图 2-43 画面中灰色纽带引导视觉中心,用色差产生的冲击力突出中心主题。

2-42 招贴 视觉中心的最佳视域
卜嘉伟

2-43 招贴 视觉中心的最佳视域
张梦迪

　　每个页面都有一个视觉焦点,它是在版面设计中需要重点处理的对象。视觉焦点与版面的编排、图文的结合及色彩的运用有关。在视觉心理的作用下,焦点视觉流程的运用能使主题更为鲜明、强烈。按照主从关系的顺序,将主题形象放大而成为视觉焦点,以此来表达主题思想。

　　多向视觉流程违背视觉流程的一般规律,它通过将文字与图形分开,或者把版面的重心放在版面的下面和角落等异常部位来寻求另类的视觉效果。从整体布局来看,多向视觉流程会产生一种与众不同、标新立异的效果,具有很强的视觉冲击力。根据这些视觉原理,重要的信息、文字、图形等都应该放在"最佳视域区",以便能在最短的时间内抓住读者的视线。

2.5　版面率和图版率

2.5.1　版面率

多页面的版式设计中，为了形成规范统一的视觉效果，图形和正文会放置在版式中间的一块区域内，界定这块区域的隐形的线叫作版心线，版心线四周的空白再由版心线划分为天头、地脚、订口、切口等区域，这些是在编排版面之前所要设定的，这些能够初步确定版面大体位置和安排。版心线以内的版面所占整体面积的比率叫作版面率。

版面率的大小由出版物的成本、内容性质、数量、开本大小、页数等条件共同决定。版心率小的版式所容纳的信息量相对较少，页面留白较多，相对而言成本比较高，易形成高级、稳重、安静、品质感强的版式效果，对于成本预算高、信息量较少的一些版式作品比较适合；版心率大的版式相对容纳信息较多，页面留白较少，利用率高，易形成富于活力的、热闹的版式效果，对于信息量大、正文内容信息丰富的版式比较适合。

2.5.2　图版率

版式的内容大体上包括文字和图形两部分：当文字比较多的时候，版式呈现为一种"可读性"的版式；当图片比较多的时候，版式呈现为一种"可视性"的版式。版式的整体感官受到文字和图形比率的影响比较大，而通常把所有图片在整个版面中所占的总面积大小称为版式的图版率。

当一个版式完全由图片构成而没有文字的时候，是图版率为100％的"可视性"版式，常常带给人热闹而活跃的版式效果，比如一些摄影杂志或时尚周刊等。但当一个版式完全由文字组成而没有图片的时候，是图版率为0％的"可读性"版式，常常带给人理性而沉稳的感觉，比如一些学术期刊或长篇小说等。当然这是两种比较极端的视觉体验，说明了随着图版率的下降，版式的趣味性下降，文字数量增加，可读性提高。但若想增强版式的直观性，可酌情增加版式图片的数量和面积，使"可读性"版式逐步向"可视性"版式过渡。

2.5.3　视觉锐度

在传达讲究效力的今天，我们对于一幅作品的评判还应该包括它的传达主动性。视觉锐度描述的是人看到图像锐利程度的感觉，从科学的角度来看视觉锐度是由分辨率和物体边缘轮廓反差两个因素组成。在视觉传达中，不同的图形也有着不同的视觉传播效力，在版式设计中的视觉锐度是指版式中的图、文、色等元素的可辨识和受关注程度。

视觉锐度的高低和字体的因素、图形的因素、色彩的因素、构成的因素、环境的因素、面积的因素等有关系。在一幅作品中，以上因素的变化均可以影响画面的存在感，以下我们就版式相关的几个因素来进行分析。

1. 字体的因素

字体的大小和颜色以及形态往往是影响画面视觉锐度的主要因素，字体各方面的属性均会影响版式效果，比如字体的选择、行距的设定、信息的分类等。图2-44字体的跳跃度大，色彩对比越明显，画面的视觉锐度就越高，带来引人注目的视觉效果。图2-45通过丰富的字体样式，版面设计显得活泼并能引发关注。

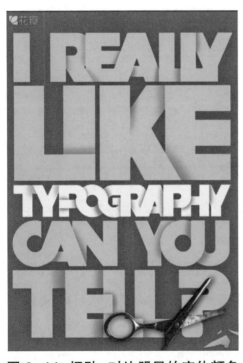

图2-44 招贴 对比明显的字体颜色　　图2-45 招贴 创意字体的版式设计

2. 图形的因素

图形的各种要素也会影响画面的视觉锐度。从内容上讲，在一幅版式中图形的介入本身就是有效提高画面吸引力的有效途径。此外，画面的内容也会对观者的兴趣产生影响。其中，人物是最有吸引力的，尤其是卡通造型和小孩，风景的影响力较弱。图2-46、图2-47两张海报从视觉冲击力上来说，人物的视觉冲击力比风景的要更为强烈。

图 2-46 招贴 人物为主的版式设计 图 2-47 招贴 风景为主的版式设计

3. 色彩的因素

色相的搭配、明度纯度的变化都会影响画面的视觉锐度，一般纯度、明度值越高，或对比关系越明显，越容易引起注意。彩度（纯度、明度）高的图片往往视觉锐度较高（见图 2-48）；彩度用于强调细节（见图 2-49）；从色相角度来说，相对于同类色和邻近色而言，互补色和对比色更容易引起注意（见图 2-50）。

图 2-48 招贴 高彩度招贴 图 2-49 招贴 细节丰富 图 2-50 招贴 色彩对比明显

课后习题

1.分别运用具有点、线、面特征的版面构成元素，进行富有形式感的版式设计。

2.聆听一段音乐，根据音乐的节奏与韵律，综合性地运用具有点、线、面特征的版面构成元素进行富有形式感的版式设计。

3.收集优秀的版式设计作品，运用整体性的原则，分析版式设计的黑白灰关系。

第3章　版式编排设计的形式美法则及常见版式的基本类型

3.1　版式编排设计的形式美法则

形式与内容是相辅相成的，编排设计的形式美不是单独存在的，而要注重内容、让形式为内容服务；把握整体，使形式充分准确地表现内容，从而达到内容与形式的统一。版面编排要从基本的设计原理和视觉习惯出发，在整体中求变化，在变化中求统一，同时还要认识版式设计的各元素，通过节奏、对比、重点、比例、平衡、融合、变化与统一、动感、空白等形式美构成法则来规划版面，把抽象美的观点及内涵融入到具体的形式中，并从中获得美的熏陶和感受。

3.1.1　统一与变化

"在不同之中寻求统一，在统一之中寻求变化。"这是在进行版式设计时要遵循的一个基本原则。统一是指对版式设计的文字、图形、色彩等要素进行协调性编排，使视觉元素形成内在呼应和联系，使版面产生协调一致的效果。建立联系的方式有很多，可以有文字上的呼应、色彩上的统一、位置上的关联和编排上的一致等。统一并不是千篇一律和一成不变，也不是完全的照搬和重复，而是在一种理性关系的协调下灵活机动地对设计进行富有形式感的调整。图 3-1 将整个色调统一在黄、黑之中，视觉上较为统一，却在排版形式上发生了变化，使视觉元素形成呼应和联系，在变化中寻求统一，在统一中找到变化。

图 3-1 型录 统一与变化 赵子维

3.1.2 均衡与对称

对称、均衡是指构图在视觉上达到的一种力的平衡状态。对称是以中轴线或以中心点为轴心的上下、左右等向量的平衡，具有稳定、庄严、整齐、秩序和安定的特点。均衡是一种有变化的平衡：运用等量不等形的方式来表现矛盾的统一性和内在的、含蓄的秩序和平衡。

与对称相比，均衡在版面的构成形态上具有更多的灵活性，使版面各视觉元素之间达到量的均等，形成和谐关系。均衡感实际上是一种视觉和心理的感受，很难用标准去衡量。保持均衡可以给人以稳定、庄严、整齐、秩序、安宁、沉静的感觉，让人产生可以信赖的情感；打破均衡的形态会给人不稳定感。均衡的稳定性虽然是由多种因素决定的，但最为根本的因素是掌握版面中的各种需要表达的成分，如位置的变化、比例的大小和形态的明确等。总的来说，版面的均衡应体现出排列的紧凑、形态的明确、运动和矛盾的消解，运用虚实和形态的穿插变化来控制版面的重心。图3-2几何切割画面，大小以及形状疏密变化，让整个画面在均衡中仍活泼生动。图3-3画面当中的文本厚重，上下构图当中，运用logo来稳定画面，保持画面的均衡。

图 3-2 招贴 均衡 夏小宜　　　　图 3-3 招贴 均衡

　　较之均衡，对称是一种更符合古典审美的标准。从古至今，从古罗马到古代中国，从来都不乏体现庄重和古典的对称型建筑，直到今天许多设计仍然会沿用这一审美形式。对称往往强调的是形态关于某一角度有规律的再现、重复和平衡。均衡强调的是一种彼此相当的体量关系，以及视觉和心理上的平衡效果，而非完全对称。图3-4画面中女人的两张侧脸出现在画面左右，左右对称，突出中间产品特征。图3-5画面对角线对称，强调画面的中心感，保持画面的稳定性。

图3-4　招贴　对称　房耀欣　　　　　　图3-5　招贴　对称

3.1.3　对比与调和

　　对比手法在设计中属于最基本的表现方式。与统一、和谐相反，对比是强调差异性的组合关系。自然世界中有白天与黑夜、雨天与晴天、月亏与月圆、冬季与夏季、潮涨与潮落等，这些相反事物的矛盾对抗现象都是极规律的重复，每一次的重复都在对比中产生。所有生动的艺术现象的塑造也都自然离不开对比这一表现方式，可以说，所有生动的艺术现象都与对比有关，这是普遍的美学观点。版面设计具有对比因素的地方并不仅仅反映在韵律现象中，构成版面形态的许多环节都是在对比中产生和解决的，也就是把相对的两要素互相比较，产生大和小、明和暗、黑和白、强和弱、粗和细、疏和密、高和低、近和远、硬和软、直和曲、浓和淡、动和静、锐和钝、轻和重的对比。对比的最基本作用是显示主从关系和统一变化的效果。在同一版面中将多种对立关系交融在一起，对比关系越清晰、鲜明，取得的视觉效果就越强烈。图 3-6 这两幅作品都利用线的疏密、黑白，形成明与暗、疏与密的强烈对比。

图 3-6 招贴 对比与调和 曾艺豪

对比与调和像其他矛盾体一样对立而又共生。版式上的元素或细节之间只要有着差异即能产生对比，比如明暗、疏密、远近、粗细等，有了对比的画面就像小说的情节一样戏剧性地展开——有高低起伏的矛盾与冲突。在强调差异性的同时还要强调元素彼此之间的共性的东西，对比的元素之间呼应和调和，两者相辅相成才能造就变化丰富而又高度统一的画面。图 3-7 这两幅作品通过颜色的强烈反差而形成对比，鲜明地表现出游戏的主题，给整个画面增加了趣味性。

图 3-7 招贴 对比与调和 徐龙

3.1.4 比例与分割

"比例是形式美感认识中人们最早领悟到的一种抽象关系，公元前 5 世纪到公元前 3 世纪的两百年间，古希腊文化便形成了一套数理逻辑的审美哲学，多利安的毕达哥拉斯学派将形式美准则归纳为一种尺寸和数量比例的关系，这是从他们的宇宙观和世界观派生出来的。"如同传统造型艺术中的比例研究一样，设计中也存在令事物的形态达到和谐的比例关系，当对版式的分割尽可能地适合人的视觉习惯时，人眼对画面的感觉应该达到最为舒适的状态。对于比例关系而言，有一些经典的比例可供我们借鉴，比如"黄金分割"比例关系，但需要注意的是没有永恒的、绝对的所谓最佳比例，任何设计都要因情况而定。图 3-8 中"DESIGN"的位置恰巧是视觉中心点，完美地成为视觉焦点，达到宣传目的。图 3-9 中，山脉和河流的界限将画面分隔成两个部分，而在山脉的黑色环境当中，白色小屋子刚好在黄金分割比的视觉中心点上，让整个画面丰富且具有视觉落脚点。

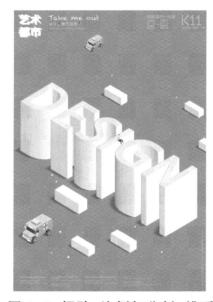 

图 3-8 招贴 比例与分割 姚瑶　　　　图 3-9 招贴 比例与分割

一切造型艺术都存在比例关系的和谐问题。和谐的比例能让人们感知美感。比例是形的整体和部分，以及部分与部分之间数量的一种比率关系。成功的排版设计，首先取决于良好的比例：等差数列、等比数列、黄金比等。黄金比能获得最大限度的和谐，使版面被分割的不同部分产生相互联系。版面上的所有要素都存在比例的问题，如文字与图片、黑与白、色彩的冷与暖、构图的动与静等。版面设计中，使用合理的比例排版，在视觉上适合读者的阅读习惯，给人一种清新、自然的感觉（见图 3-10）。

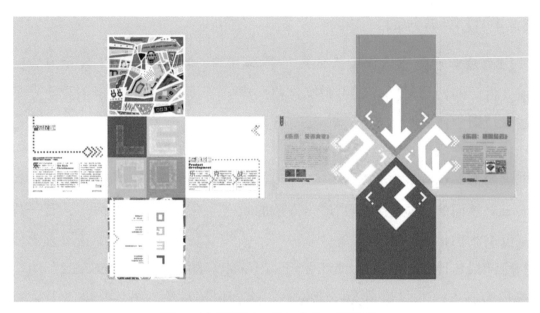

图 3-10 型录 比例与分割 杨凌均

3.1.5 节奏与韵律

节奏在视觉艺术中是通过线条、色彩、形体、方向等因素有规律地运动变化而引起人的注意。自然界中许多现象均以节奏的形式出现，如一年四季、昼夜更替、潮涨潮落等。节奏是音乐里音响运动轻重缓急的秩序。比如，在一个繁忙的市场，虽然有众多强弱不同、长短有别的声音，因为没有秩序只能是一片混乱，即使有乐器发出的声音亦不能改变。而日常劳动的号子、划船的鼓点、挑水的吆喝等却富有节奏，能够帮人省力。这些长期积累的生活经验使人们对于节奏产生了一定的条件反射，在潜意识里将节奏看作美，人类对于节奏追求的自觉行为似乎变成了一种必不可少的审美需求。

版面形式在实际运用中，很大程度上必须依靠节奏去提示秩序的存在，它在版面中有着重要的地位。节奏在编排形式上有等距离的连续，也有渐变、大小、长短、明暗、形状、高低等的排列构成。采用相同的图案，进行不断重复产生的节奏感，就像心脏跳动的节奏，有着连续、轻松的感觉。图 3-11 将文本内容等距离排列，让人们阅读画面内容时具有节奏感，给人轻松的视觉感受。图 3-12 版面中，将装饰云纹有规律地平铺在画面当中，极具韵律，给人舒适的感受。

图 3-11 招贴 节奏与韵律 邓雨柔

图 3-12 招贴 节奏与韵律

　　但节奏不断地重复不等于简单地重复，而是有规律地变化，是变化中的统一。在重复的过程中加以变化便成为节奏，会给人音乐般的感受。在版式设计中节奏和韵律普遍存在，它们可以表现空间的纵深、情绪的跳跃、色彩的变化、形状的渐变等等。节奏和韵律的注入可将二维的版式设计呈现出音乐流淌的奇妙效果。图 3-13 中每一章节的目录排列参差不齐，让整个画面具有生机活力。图 3-14 版面中文本内容有节奏地出现，使人阅读起来更加轻松。

图 3-13 目录 节奏与韵律 王珏

图 3-14 招贴 节奏与韵律

3.1.6 虚实与留白

版式元素不仅仅包括字体、图形、文字，也包括留白和虚实。信息的主次、背景的前后层次都可以借助虚实予以体现，二者之间是一种相互映衬的关系，并非决然对立。"虚"是一种模糊，一种淡化，它可以拉开距离，留以空间体现层次感。实是清晰地图形或者文字，它边缘线清晰可见，有鲜明的可见性。人们通常将版面设计中的图形、文字等确定为实形（也称为正形），版面中未放置任何图文的空间称之为空白（也称为负形）。从美学角度出发，人的视觉需要一定的空白通透，也就是中国传统美学里所说的留白，它是"虚"的特殊表现手法。中国画文化底蕴厚重，对空白的处理历来是十分讲究的，我们也可以在古埃及的壁画中找到大空白的编排。这说明早期的人类就很重视视觉心理对艺术的作用（见图3-15、图3-16）。版面上适当的空白，使得人的视线向版面中的主要内容集中，能够突出重点。现代版面编排特别注意空白的经营和空白空间的创造。空白可以让设计更有现代感，造成版面的空间层次，使画面内容的表达更含蓄、更有意境，从而引发读者的联想（见图3-17）。

图 3-15　中国画 齐白石

图 3-16　古埃及壁画

图 3-17　现代留白设计　原研哉

3.2   常见版式的基本类型

版式即版面的构成样式，版面的构成样式指版面编排的具体形式。版面的构成样式在实际生活中可谓五花八门，无以论定。从发展的观点看，版面的构成样式总是在不断变革、出新和进步的。从研究版面构成形式的角度出发，无论其怎样变化也脱离不了"版面"这个有限的平面；而从"有限"这个角度去认识，我们就可以把版式设计的形式进行适当的归纳和概括。

3.2.1   满版式

满版式是指文稿或图片占据整个版面，无大面积留白，不制造玄想空间，充分运用整个版面来传达信息。满版式就是将插图做全版面的实地，四边出血，文字的配置压置在上下、左右或中部的图像上，使其与底图形成三维空间。满版式的编排类型具有强烈的视觉冲击力，画面中图形的诉求力和面积以整个图像充满版面，视觉传达直观而强烈，往往有着压倒文稿的优势。满版式给人美观、大方、舒展的感觉，是现代广告及海报中宣传常用的形式，又称为"套印型"（见图3-18、图3-19）。

图3-18　招贴　满版式编排　袁静吾　　　　图3-19　招贴　满版式编排　朱慧玲

3.2.2 骨格式

骨格型是常见的一种分割方式，具有数理性与规范性。常见的骨格有竖向通栏、双栏、三栏、四栏和横向的通栏、双栏、三栏和四栏等。图片和文字严格地按照骨格进行分类可以产生理性、和谐、严谨的秩序美，使读者阅读方便，条理分明。图3-20中分栏的排版方式，使阅读更加理性，顺序性强，体现出严谨的秩序美。图3-21中跨栏的分栏形式，更加活泼，也更具有整体性。

图 3-20 型录 骨格式分栏四栏 杨凌均　　图 3-21 型录 骨格式跨栏 朱慧玲

3.2.3 对角式

对角式构图在平面广告中不时能够见到，它是最便于理解和认识的一种版式设计。这种设计会吸引受众的视线向两个角延伸，同时还可能传达出一种不稳定感和运动感。对角式编排其劣势是画面均衡感难以把握，设计时需根据版面内容所需来决定如何使用这种样式（见图3-22、图3-23）。

图 3-22 招贴 对角式排版 朱慧玲

图 3-23 招贴 对角式排版 曾艺豪

3.2.4 曲线式

图片或文字在版面结构上作曲线运动变化,构成韵律与节奏感(见图 3-24、图 3-25)。

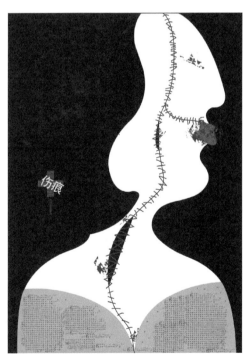

图 3-24 招贴 曲线式排版 徐静

图 3-25 目录 曲线式排版

3.2.5　三角式

　　三角形是众多基本形态如圆形、四方形、椭圆形中最具安全稳定因素的形态，三角式的版面编排具有心理上的稳定感，是一种常见的版面形式（见图3-26、图3-27）。

图3-26　招贴　三角式排版　陈晓丹　　　　图3-27　招贴　三角式排版　范佳浠

3.2.6　四角式

　　版面四角具有一定的稳定性，在四角安排图形或文字要素，可以形成心理上的平衡，对角线结构起到相同的作用，方形的版面本身就具有稳定的感觉，在此基础上的四角式版面构成更加强了这种定式（见图3-28、图3-29）。

图 3-28 招贴 四角式排版 侯星

图 3-29 招贴 四角式排版

3.2.7 圆球式

圆球式适用于文字和插图的编排。圆球，具有完美之意，是生命的象征，无论古今、中外都是一种和谐美好的象征。在编排中将版面的主题插图作为圆球状或近似圆球状，或把文案要素作为圆球状、近似圆球状，可以增强图形或文案自身的整体性。为了防止圆形的封闭性特征，在设计时要采取相应的措施进行视觉流程的连续性，使其与周围的诸多要素形成一定的联系，具有独特的审美特征（见图 3-30、3-31）。

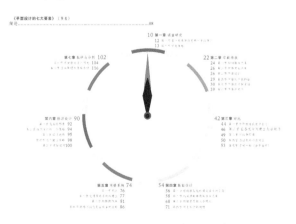

图 3-30 目录 圆球式排版

图 3-31 banner 圆球式排版 董亚冉

3.2.8 重叠式

重叠式是指文字与图片等元素之间的全部或局部重叠。重叠式排版时而严正，时而错位，依靠相互间的对比衬托，产生一种明显的前后层次感，使二维的版面呈现出三维的层次或空间错觉。重叠中的"透叠"处理，另具一种透明或半透明的穿透变化。在版式设计中运用重叠手法，是为了增加文字或图形的层次，突破版面自身的平面局限，使版面图像通过视觉感受形成前后空间关系（见图3-32、图3-33）。

图3-32 招贴 重叠式排版 孙相毓

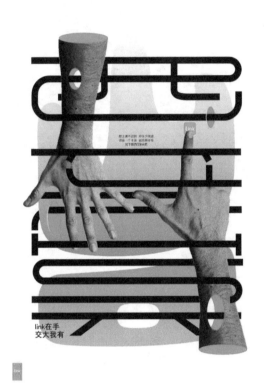

图3-33 招贴 重叠式排版 刘子琪

3.2.9 自由式

这是一种不拘泥于任何版面设计规则的类型设计，构成要素之间做自由、随意的安排，可以产生轻松、活泼的气氛。没有鲜明的模式或规律，灵活多变、生动自如是其主要特点，但并不是杂乱无章地任意堆砌。要在自由、随意之中去显露灵感，表达意境，使版式设计跳出上述形式规则的窠臼，进入具有内在个性的、独具一格的层面。自由式版面设计也可分为相对自由式与绝对自由式两种（见图3-34、图3-35）。

图 3-34　招贴　相对自由式排版
曾艺豪

图 3-35　招贴　绝对自由式排版
卜嘉伟

3.2.10　引导式

引导式是指利用画面上人物的视线、动势或指示性箭头、线条等，将阅读者的目光"导引"至版面所要传达的主体内容上，积极主动地制造视觉焦点，使之形成有效的指示和引导效果（见图 3-36、图 3-37）。

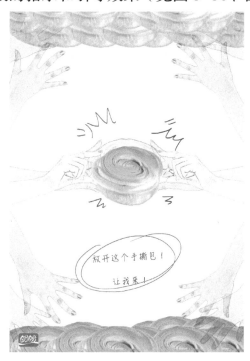

图 3-36　招贴　引导式排版　张倩

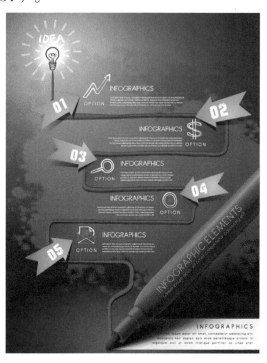

图 3-37　招贴　引导式排版　网络

3.2.11 组合式

组合式有明确的模式或规律，但不是呆板或单调，要在有规律的组合中寻求变化，打破固有模式，打破常规的视觉规律，在众多相同或相似的要素中加入与之相反的要素，形成形体的对比、色彩的对比、节奏反差或虚实对比。图3-38中黑色的背景配以清新的绿色图案形成一种强烈的色彩对比，在整体的文字排版上也采用了斜向放置，使画面更加生动，产生了节奏的反差。图3-39用圆形细线装饰主题文字，跳跃的色彩结合活泼的字体样式，与右下角的辅助文字形成强烈的大小、动静节奏对比。

图 3-38 招贴 组合式排版 邓雨柔

图 3-39 招贴 组合式排

3.2.12 立体式

立体式是指利用文字、图片或照片，在平面版式上营造出一种视觉上的立体效果，并不是真实的触觉意义上的立体物件。立体式创意设计能突破版式的平面局限，使有限的平面呈现出强烈的体积感或凹凸感，从而达到一种"设计对空间的某种程度的占有"，是版式设计中经常被设计师应用的一种设计创意。图3-40中文字的不同角度排列以及叠加，形成三维立体空间的视觉感受，让画面具有了空间感。图

3-41 画面当中图案的阴影以及文本内容的遮盖，在平面的画面当中创作出一个阴凉的空间，以呼应主题。

图 3-40 招贴 立体式排版

图 3-41 招贴 立体式排版

上述表现手法只是版式设计中最基本、最常见的构成样式，若仔细划分，还可不断罗列。事实上分门别类的目的，不过是出于理论研究和设计教学的需要，其意义并不重大，关键是要将各种艺术形式融入自己的设计之中，要活学活用，举一反三，千万不可照本宣科。

应当记住的是，版式设计的形式法则多是相互渗透、互为表里的，设计者要在掌握这些形式法则的基础上，自由创造出新颖独到的构成样式，为版式设计这块园地增添更多美丽的花朵。

课后习题

1.收集优秀的版式设计作品，举例并说明版式所蕴含的形式美法则：统一与变化、对称与平衡、比例与分割、节奏与韵律、虚实与留白。

2.以"运动"为主题，以图文结合的方法，自选版面的基本类型，设计一组杂志版面，至少两幅。

要求：选择任何一种运动形式，每个版面中至少选择6~8张符合主题的图片（图片的拍摄角度尽可能多样化，每张图片配有说明文字）。利用这些图片和文字，设计出具有动感、对比鲜明、形式多样的页面。尺寸A3（横版），分辨率300dpi。

第4章　版式编排设计的视觉元素

4.1　文字的版面构成

　　文字在排版设计中，不仅仅局限于信息传达意义上的概念，而更是一种高尚的艺术表现形式。文字是任何版面的核心，也是视觉传达最直接的方式，运用经过精心处理的文字材料，完全可以制作出效果很好的版面而不需要任何图形。文字作为版式设计中最主要、最基本的元素，其基本作用是传播信息，所以文字的编排一定要符合人们的基本阅读习惯。作为设计者，了解文字编排的一些基础知识非常必要。

　　文字编排的首要目的是方便阅读，而文字在版面中大多数都是以组合的方式出现，这样就必然存在字体样式和字号大小的选择。准确的字体选择和字号设置会使整个版面的文字具有更丰富的情感，更加贴近版面的主题；同时文字字距和行距的设置对于提高版面文字阅读效率也非常重要。

4.1.1　字体、字号、字距、行距

　　版面的文字信息通常具有不同的功能，有的作为标题统领全文，有的作为引文补充说明正文内容，还有的作为装饰文字点缀版面等。文字功能的不同，传达出的情感也不同，而这些文字信息的划分和情感的传达就需要选择合理的字体和合适的字号。

1. 字体

字体指的是文字的风格样式，它是文字的外在表现。不同的字体代表着不同的风格。在中文字体中，宋体是最常见的一种字体样式，给人以大方典雅的感觉；黑体则是一种笔画粗细一致的字体结构，给人带来简洁明了的感觉；而手写体与样式结构规整的宋体和黑体不同，它是一种更强调自由性的文字样式，带有强烈的自由色彩。字体的具体样式是多种多样的，我们要学会抓住每种字体的特性。

　　根据版面的具体风格和具体传达的内容选择合适的字体，使版面的文字内容达到协调统一，同时也使情感得到更为顺畅的表达。一般较为正式的版面我们会采用较常见的、比较规整的字体样式，而对于一些宣传性强的版面则会使用视觉冲击力较强、文字跳跃性高的文字组合，以求更好地引起人们注意。图4-1的创意美术

字活泼生动，符合招贴中活泼俏皮的氛围。图 4-2 的大标题使用黑体字，给人庄重、沉稳、充满力量的感受。

图 4-1 招贴 创意美术字应用 张梦迪　　　　图 4-2 招贴 黑体字应用 刘子琪

2. 字号

字号是表示字体大小的术语，具体指从文字的最顶端到最低端的距离。计算机中的字体大小通常采用号数制和点数制。点数制是世界流行的计算机字体的标准制度，也就是磅值，每一点等于 0.35 毫米。通过对这些的了解，我们可以对字号有一个初步印象，便于实际应用。

文字大小不一样，带给人的感觉也是不一样的。大粗字体可以造成强烈的视觉冲击感；而细小字体则给人纤细、雅致的感觉，由细小字体构成的版面，精密度高，整体感强，可以造成视觉上的连续吸引。图 4-3 中大标题字号大，具有较强的视觉冲击力，内容版字体排列成面，整体感强。

在一般的书籍杂志中，标题大约为 14 磅以上，而正文则多数控制在 8~10 磅，若小于 5 磅就会影响文字的阅读。同时文字的大小变化也会给版面带来跳跃感，由此形成的跳跃率是影响版面阅读率的重要因素。

图 4-3 海报 字体大小作用

3. 字距

所谓字距指的是字与字之间的距离，是一种十分细微的关系，但是却是文字编排中十分重要的部分，不仅关系到阅读的方便性，还可以体现设计者的风格。

字距的设置主要由两个方面决定：一方面是字体的样式，因为不同的字体样式所占的实际面积大小是不同的，图 4-4 中黑体就比宋体占更多的面积，所以字距也会相对较宽；另一方面就是版面的风格，拉大或缩小字距会让版面具有更强的现代感（见图 4-5）。

图 4-4 海报 字体样式对比　　　　图 4-5 封面 疏密有致 刘琼

4. 行距

行距的设置主要靠设计者根据版面编排形式的心理感受来把握。如果行距太窄，上下行的文字会受到干扰，人们的目光难以沿字行扫视；而字行太宽则会在版面留下大量的空白，使版面缺少延续感和整体感。

当然，行距的设置并不是固定的，所说的行距与文字大小比例只是一般情况下行距设置的依据，并不是绝对的，而是应该根据实际情况具体把握，只要在整体节奏上把握一致并使视觉上感到舒适即可。字距与行距的把握是设计师对版面的心理感受，也是设计师设计品位的直接体现。一般的行距比例应为：用字 8 点行距则为 10 点，即 8 :10(见图 4-6)。但对于一些特殊的版面来说，字距与行距的加宽或缩紧，更能体现主题的内涵。现代国际上流行将文字分开排列的方式，感觉疏朗清新、现代感强（见图 4-7 ）。

图 4-6　书装　常规行距　曹雨琪　　　　图 4-7　书装　特殊版面　李炳昕

4.1.2　文字的排列方式

文字经过规整后排列，使版面整齐有序、方便阅读。对于包含了大量文字的版面，重视文字的对齐方式的变化十分重要，这将有助于更好地阅读和区分信息的不同层次。同时，当文字按照一定方式对齐并与版面的其他元素，如图形、照片等形成一定轴线，最终造就版面的内架。

1. 左右对齐

文字左右对齐指的是版面上的文字在每一行上从左端到右端的长度是均齐的，这种文字组合方式让文字更加齐整、美观，是书籍最常用的编排形式。但是这种编排方式在文字的处理上比较呆板，使文字缺乏活力，同时在对英文进行左右编排时必须注意连字号的使用。图 4-8 在整个文字的编排上没有分栏，也没有变化，采用了简单的左右对齐的方式。

左右对齐的文字编排方式并不仅仅适用于文字的横向编排，纵向的文字编排也同样适用，给人一种"上下均齐"的感觉，纵向的文字编排多用于表达古典的文本信息或者特殊版面需求（见图 4-9 ）。

图 4-8 书装 左右对齐 王雨潇　　　图 4-9 书装 左右对齐 符玉翔

2. 齐左与齐右

这种对齐方式编排的文字追求一端对齐，会让文字在结构上松紧有度、虚实结合，参差不齐的文字组合给版面带来一种节奏感。而在左边或右边进行对齐会使文字在首行或行尾产生一条自然的垂直线，让版面在变化中给人一种规整的感觉。

文字齐左的编排方式更加符合人们的阅读习惯，让人感到亲切自然，使阅读更加轻松（见图 4-10 ）。齐右的对齐方式则与人们的视觉习惯相反，让人觉得阅读起来不是很方便。但是这样的对齐方式会让版面显得新颖、有格调，具有强烈的现代感（见图 4-11）。

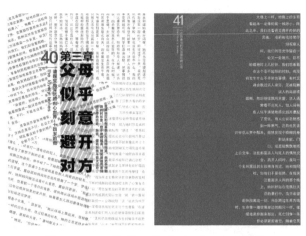

图 4-10　书装　文字齐左　罗海同　　　　图 4-11　书装　文字齐右　李炳昕

3. 居中对齐

　　居中对齐指的是文字的编排以版面的中心线为准，左右两端的文字字距可相等也可不相等。这种方式组织的版面让视线更加集中，中心更加突出，具有庄重、优雅的感觉，同时也加强了版面的整体感。为了对文字进行更加合理的组织，在运用居中对齐的方式编排版面时，也不一定只能使用版面的中心线为基准的对齐线，可以根据具体的情况合理设置，使版面变得更加生动。图 4-12、图 4-13 两幅作品都是以画面的中线为基准，文字居中对齐。

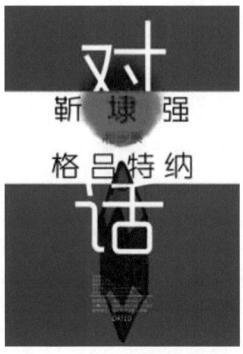

图 4-12　招贴　文字居中　梁晓丹　　　　图 4-13　招贴　文字居中　高舟

在使用居中对齐时要注意，这种对齐方式不适合大量文字的编排，否则会影响文字的阅读。居中对齐大部分都用于文本的标题或提示文字的编排，或者在平面设计中用于表现特殊设计效果。

4.1.3 文字编排的表现手法

1. 首字突出

突出首字是指将文字开头的一个字或字母突出加大，在版面中起着强调和吸引视线的作用，可以打破版面的平庸感，让版面变得更加活跃。下坠式的首字强调法是目前最常用的首字突出方式，将字母放大并嵌入行首，其下坠幅度一般控制在二至三行的宽度。突出的首字不仅是版面文字信息的重要组成部分，起引导视线对文字进行浏览等作用，同时也是版面构成的一种有效形式。通过对首字在字形或色彩上进行变化，可以起到装饰、活跃版面的作用，使版面的效果更加丰富（见图4-14、图4-15）。

图 4-14　杂志　首字突出　意大利设计师
Francesco Muzzi

图 4-15　型录　首字突出
杨凌均

2. 文字绕图编排

文字的绕图编排是指将版面上的图片去底后插入文本中，让文字直接沿着图形的外轮廓线进行编排。这种编排方式让版面的形式更加自由，给人一种亲切、生动、轻巧和活泼的感觉。

文字绕图的编排形式对文字字数和图片的要求比较高，文字每行的起点和终点把握起来比较麻烦，必须要在编排前有一个整体的安排；而图片则是要求具有优美的轮廓曲线，以求达到形式上的最佳美感（见图4-16、图4-17）。

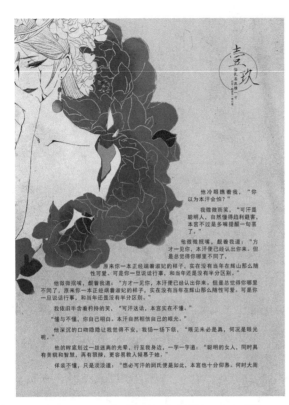
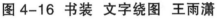

图 4-16　书装　文字绕图　王雨潇　　图 4-17　书装　文字绕图　梁晓丹

4.1.4　文字编排设计的原则

文字的编排要求我们既要追求文字本身在形式上的优美，又要寻求其在表达效果上的高效率，这二者都是版面设计中非常重要的因素。一个决定版面形式美，一个则影响版面的文字传达效果，所以在对文字进行编排之前我们有必要了解一下文字编排过程中的一些基本原则，这样有利于我们花更少的时间，得到最好的效果。

1. 文字的可读性原则

文字最主要的功能就是阅读，通过阅读向大众传达作者的意图和信息。为了达到这一目的，必须考虑文字的整体效果，避免杂乱无章，给人以清晰的视觉印象，这就需要把握好文字的字体、字号和视觉浏览方向等构成文本的基本内容。

（1）按视觉习惯进行间隔。

人们阅读文字有一定的固有习惯，这是经过长时间的阅读过程慢慢养成的，它与人们所处的环境密切联系，所以文字的编排符合一般的视觉习惯，让读者觉得更加亲切与自然，自然也能提高版面文字的可读性。

同时对于分栏编排的文字还要注意栏与栏之间的间隔，如果设置的太窄就会让视线在换行时受到另一栏文字的干扰，减慢阅读的速度，而太宽了又不利于栏间文字的转换，所以栏间距一般控制在行距的两倍左右。当然这个距离也可以根据具体情况发生一些变化，只要能使阅读变得方便，就是合理的间隔（见图4-18）。

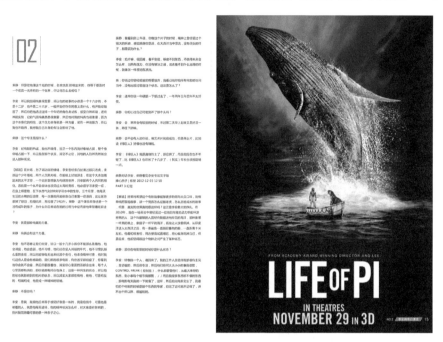

图 4-18 书装 文字分栏 易达利

（2）把握文字间的逻辑关系。

文字间的逻辑关系包含两个方面的含义：其一是指版面文字在功能上的主次关系，可以划分为标题和正文或主要信息和辅助信息，它们在功能和含义上存在着一种逻辑关系；其二则是指文字编排在视觉接触上的先后顺序，它是一种视觉流程上的安排。

要准确把握好文字功能上的逻辑关系，需要我们对版面的文字内容有一个深入了解，既要准确把握文本传达的信息，又要深入地分析文本内容与版面形式之间的联系，做到直观、准确和美观。视觉上的逻辑顺序需要我们在了解人们一般视觉流程的基础上去深入运用，以求得到最好的视觉效果，将版面的可读性得到提升。图4-19、图4-20都符合标题和正文的逻辑结构，从而使读者形成了视觉流程先后的逻辑关系。

图 4-19 书装 文字逻辑 王颖

图 4-20 书装 文字逻辑 张梦迪

2. 文字与版面风格协调的原则

文字是版面的一个组成部分，虽然说文字的样式与风格会影响到版面的整体风格，但是无论文字的作用有多重要都不能改变其对版面整体的从属地位，都必须为版面的整体风格和整体布局而服务。

（1）文字的位置符合整体要求。

文字在版面的位置不是随意摆放的，而是需要从版面的整体性角度进行考虑，以直接、高效的信息传达为其最终目的。在文字的编排过程中不能使版面上的元素发生视觉上的冲突，也不能造成版面的主次不分，引起视觉混乱；不能破坏版面的整体感觉，即使在细节上的细微差别都可能导致设计的整体风格发生变化。

（2）文字风格与整体版面风格的协调。

文字是为整个版面服务的，从字体样式的选择到文字大小的设置再到文字距离的确定，这些局部细节的变化都会影响到版面的整体风格，所以我们在进行文字编排之前一定要慎重分析并熟悉版面的风格特点。

3. 个性化文字编排的原则

在文字的编排设计中，人们越来越倾向于打破和分解传统的文字排列结构，进行有趣味的编排和重组，使版面的空间感加强，具有更加丰富的层次结构。这种结构在文字的处理上存在着极大的灵活性，更加追求文字在视觉上的标新立异，以求提升版面的活力与视觉冲击力，改变过于单一的呆板的文字编排模式。

每种字体样式通过特殊的变化与处理都会展现出不一样的个性特点，能够更加引起人们的视觉注意或者进一步体现设计的特质，根据文字内容与版面视觉效果的需要，可运用丰富合理的想象力来加强文字的感染力（见图 4-21）。

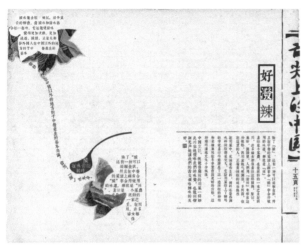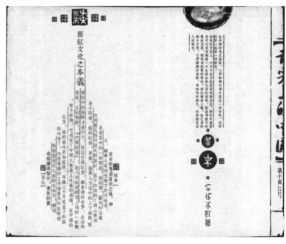

图 4-21 书装 个性化文字编排 符玉翔

4.1.5 文字编排的特殊表现

文字的个性是通过特殊的文字样式展现出来的，可以运用各种方式来对文字进行变化与加工，使其个性特点更加鲜明，为版面的整体效果服务，充分展现出设计意图。

1.文字的表象装饰设计

所谓的文字表象装饰设计是指根据文字的字义或词组的内容进行引申与扩展，得到字体形象化、字意象征化的半文半图的"形象字"，这既能给人带来特殊的审美情趣，又具有很强的实用性，体现出视觉直观的"体势美"与"情态美"。

实现表象装饰文字的编排设计的具体方法是将一个字或一组字的笔画、部首、外形等可变因素进行变化处理，分为改变文字外形的形状设计、改变文字特定笔画和主副笔画的笔画设计、改变文字内部结构的结体设计三种，其最终目的是为了让文字的特征更加生动、形象。图 4-22、图 4-23 就是对文字进行了设计再创造，使之更具有装饰性，更活泼有趣味。

图 4-22 字体 "盾"形火影忍者 何江　　　　图 4-23 字体 诞生

2. 文字的意象构成

文字的意象构成设计又叫意象变化字体图形，其特点是把握特定文字个性化的意象品格，将文字的内涵特质通过视觉化的表情传达，构成自身趣味。通过内在意蕴与外在形式的融合，一目了然地显示其感染力。

意象字体设计赋予了文字强烈的意念，通过联想等方式，文字带有了更为丰富的感情色彩，使文字超脱了"形似"的束缚，将具体的"形"提炼为抽象的"意"，从而获得以文传神的表达效果。

文字的意象构成具体的表现方法可以分为：同质同构设计、异质同构设计、形义同构设计等（见图 4-24 至图 4-26）。

4-24 同质同构设计　　　　4-25 异质同构设计　　　　4-26 形义同构设计
　　　　　　　　　　　　　　　　福田繁雄　　　　　　　　　福田繁雄

3. 文字的图形表述

文字的图形化编排是指将文字排列成一条线、一个面或是组合成一个形象，着重从文字的组合入手，而不仅只是强调单个文字的字形变化。这样既可以追求形意兼备的传达效果，也可以只求形式上的装饰作用，使版面的图文相互融合、相互补充，利用图形化的文字来表达主题思想。但在采用文字图形化编排的同时，需着重追求图形传达文字更深层次的思想内涵。图4-27、图4-28都把文字设计到适合的图形中，既给画面增添了趣味，又更进一步地点明了设计的主题。

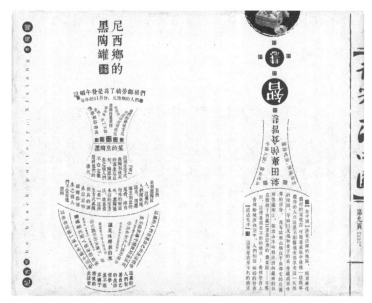 

图 4-27　书装　文字图形化编排　符钰翔　　　图 4-28　招贴　文字图形化编排
张轩诚

4. 文字的情感表述

文字在视觉传达中，作为画面的形象要素之一，具有传达感情的功能，因而它必须具有视觉上的美感，能够给人以美的感受。人们对于作用其视觉感官的事物以美丑来衡量，已经成为有意识或无意识的标准。满足人们的审美需求和提高美的品位是每一个设计师的责任。在文字设计中，美不仅仅体现在局部，而是对笔形、结构以及整个设计的把握。文字是由横、竖、点和圆弧等线条组合成的形态，在结构的安排和线条的搭配上，协调笔画与笔画、字与字之间的关系，强调节奏与韵律，创造出更富表现力和感染力的设计，把内容准确、鲜明地传达给观众，是文字设计的重要课题。优秀的字体设计能让人过目不忘，既起着传递信息的功效，又能达到视觉审美的目的。相反，字形设计丑陋粗俗、组合零乱的文字，使人看后心里感到不愉快，视觉上也难以产生美感。

4.1.6 文字的组合设计

在平面版式设计中，文字很少以单个的字母或文字出现，而是以一个词组或是段落的形式出现。当然，只要出现两个或两个以上的元素时，就必须要对其进行设置与调整，处理好它们之间的关系会使版面效果更加整体而丰富。

1. 多语言文字的混合编排

不同的语言文字在字体形态上存在着一定的差别，世界语言文字体系中主要有两大体系，即以汉字为代表的东方文字体系和以英文为代表的拉丁文体系。这两种文字在形态上的差异是由它们的不同构成方式形成的，英文字体以水平基线为其构成基础，而汉字则是以假想框作为基本框架。

中英文混合编排时需要统一，二者之间的文字大小与基准线，以使文字高度在一行上的变化不会太明显。同时文字间的间距也是需要注意的，由于二者在进行编排时，文字的间隔是以某一种语言的文字进行设置的，所以直接对这两种文字进行编排会造成版面文字的间距存在一定的视觉差异，影响版面效果。

2. 文字的组块设计

文字的组块又叫文字的面积化，是将版面上的文字按照文字的内容和层次进行面积化的编排；通过组合文字面积大小的变化，版面文字出现弹性的点、线、面的布局，从而为版面制造紧凑的、整洁的视觉效果，让画面富有节奏感与韵律感（见图 4-29、图 4-30）。

图 4-29 书装 组块设计 吕韬　　　　图 4-30 招贴 组块设计 张洁璠

4.2 图片的版面构成

图片是版面三大构成要素之一，是一种更直接、更形象、更快速的视觉传达元素，同时也是一种大众化的视觉元素。如果说文字是最详尽的表达方式、色彩是最感性的表达方式，那么图片就是最直接、最直观的表达方式。所以，图片最基本的功能就是记录性，能够让瞬间的画面变得永恒，在不同时间和空间之间进行传达和交流；同时图片还具有独特的艺术性，一张构图严谨、内容生动的图片会带给人一种美的享受。

4.2.1 图片的基本编排方式

图片在版面中的作用会受位置、数量、面积、形式等多方面的影响，所以我们有必要从这些方面去深入了解图片在版面中进行编排的基本原则，以加深对版式设计的了解。

1. 图片放置

图片的放置是版式设计重要的一步，只有图片的位置确定了，我们才能根据图片的样式与位置来编排其他元素。图片不像文字那样具有很强的可塑性，能够根据版面的需要自由编排，它是以一个较大块面的样式存在的。所以，图片为编排的第一步。

在放置图片的过程中，我们不仅要对其在版面上的空间位置进行安排，还要考虑图片间的先后顺序，按照图片的主次关系和逻辑上的先后顺序对其进行编排，使图片有一种明确的方向性，让欣赏者能够在第一时间了解主要的信息，明白图片的逻辑关系，使版面的整体结构严谨，脉络清晰（见图4-31、图4-32）。

图 4-31 型录 图片的逻辑和主次
王雨潇

图 4-32 型录 图片的逻辑和主次
李京松

2. 图片面积与张力

图片面积的大小直接影响着版面的图文比例，同时也影响了版面信息的传达。大图片使版面产生一种饱满的心理量感，提升图片的视觉扩张力和注目度，给人一种舒适、亲切之感，使其成为版面的视觉中心；而小图片则在图文对比中处于弱势，给人带来一种拘谨的感觉，但同时也会让版面变得简洁而精致。图片的大小面积对比使版面富含张力与活力，同时也能够体现出版面图片的主次关系。图4-33、图4-34中大面积的插图使画面很有视觉冲击力，将产品的图片放小，点明了主题，使创意能够更加充分地表达。

图 4-33　招贴　图片大小对比
施亚娟

图 4-34　招贴　图片大小对比
曹立夏

3. 图片的形式

图片作为版面编排的重要元素，其存在的样式也是多种多样的，不同的形式也会造成不同的设计效果，具体可以包括方形图片、出血图片、退底图片、化网图片等几种形式。

方形图片是我们最常见的一种图片形式，通过照相机、扫描仪等途径获得的图片大多数都是方形的，这种图片构成的版面比较稳定和大气，容易实现版面的平稳（见图4-35）。出血图片则是指在编排时将图片铺满整个版面，没有边框的束缚，使版面有一种向外的张力感和舒张感，同时还有一种强劲的运动感，在拉近了版面和欣赏者之间距离的同时，还可以增加版面的联想性，丰富版面内容（见图4-36）。退底图片、化网图片两种图片样式则是通过特殊的手段处理得到的，其中退底图片是根据需要按照选定图像的边缘进行裁剪而得到的图片样式，它具有自由灵活、主题突出的特点（见图4-37）；而化网图片则是利用图片处理技术来减少图片的层次，进而达到衬托主题的目的（见图4-38）。

图 4-35 型录 方形图片编排
张洁璠

图 4-36 招贴 出血图片编排
梁晓丹

图 4-37 型录 退底图片编排 王安男

图 4-38 型录 化网图片
张洁璠

4. 图片组合

图片组合指的是版面出现多张图片时，将构成的语言及形式组织到一起，形成一个新的结构样式，并将信息传递给欣赏者。图片的组合方式主要有块状组合和散点组合两种。块状组合强调的是图片之间的直线分割，这种样式组织的版面图文相对独立、交替出现，这使组合后的图片整体而大方，富于秩序感和条理性（见图4-39）。散点式组合具有随意性，表达着一种强烈的自由感，版面比较轻松活泼，给人带来一种愉快清新的感觉，同时也使图文间的联系加强，常用于表现图文相互说明的版面（见图4-40）。

图 4-39 型录 块状图片组合　　　　图 4-40 型录 散点图片组合 宋盛兰
　　　　刘付雪妮

5. 图片的方向

图片本身是不具备方向性的，其方向是由图片上的物体方向而决定的。灵活处理图片的方向性可以使版面具有一种剧烈的动势和方向性。以人物图片为例，图片上人物的动作、脸部朝向以及视线方向都可以让人感受图片的方向性与运动感，使版面有一种跃动的感觉（见图4-41、图4-42）。

图 4-41 型录 图片的动势 王颖

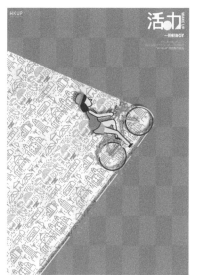

图 4-42 招贴 图片的动势
姚瑶

图片的方向性带来的运动感，是通过图片上的人物肢体动作或物体的运动而形成的；也可以通过图片的裁剪，造成图片本身的倾斜，进而形成动感。通过对图片的动感强弱的掌握可以控制版面的整体动感和稳定感，构成和谐而生动的版面。

4.2.2 图片与文字混编

图文的位置关系首先从整体版面上考虑，根据版面传达内容的需要来安排图文是相互独立的分组编排，还是将图文混合进行散点式编排。分组编排会让版面结构清晰、整洁，而散点编排则会让版面变得灵活多样，同时还拉近了图文之间的距离。

图文编排要注意控制版面的协调性、统一感（见图 4-43），图片不能插入到不合适的位置，影响文字的可读性和连贯性（见图 4-44）。

图 4-43 型录 合适的图文编排

图 4-44 型录 影响阅读的图片

4.3 图形的版面构成

4.3.1 图形的主要特征

图形作为一种表现力极强的语言形式，多样的特征性铸就了其丰富的表现，其特征主要包括简洁性、夸张性、具象性、抽象性、符号性和文字性等几个方面。

1. 图形的简洁性

简洁是一种高度概括、极度浓缩的抽象形式，是从众多因素中不断组合、筛选出来的，简洁性是图形设计的准确性和清晰性得到保证的前提条件。简洁的样式会提高图形被记住的可能性，使版面重点突出，视觉效果得到优化（见图4-45、图4-46）。

图 4-45 型录 主题突出 李炳昕　　图 4-46 型录 简洁的图文编排 张若丝

2. 图形的夸张性

夸张是设计创作的基本原则，通过这种手法可以直接鲜明地揭示出事物的本质，增强其艺术传达的效果，赋予人们一种新奇与变化的情趣，使版面的形式更加生动与鲜明，进而引起人们的联想。夸张是设计师最常借用的一种表现手法，它将对象中的特殊和个性中美的方面进行明显的夸大，并凭借于想象，充分扩大事物的特征，造成新奇变幻的版面情趣，以此来加强版面的艺术感染力，从而加速信息传达的时效。图4-47、图4-48两张作品用夸张的手法，表达的社会问题与现象，引起人们的重视。

图 4-47 招贴 夸张水污染 王琦　　　　图 4-48 招贴 夸张低头族 刘琼

3. 图形的具象性

任何图形都是源自自然界当中实际存在的形态，而图形的具象性一定是写实性与装饰性的结合，这样的图形样式会给人带来一种亲切感，留下直观视觉印象。具象图形以反映事物的内涵和自身的艺术性去吸引和感染读者，使版面构成一目了然。具象性图形最大的特点在于真实地反映自然形态的美。在以人物、动物、植物、矿物或自然环境为元素的造型中，以写实性与装饰性相结合，不仅令人产生具体清晰、亲切生动和信任感，更深得读者尤其是儿童的广泛喜爱（见图 4-49、图 4-50）。

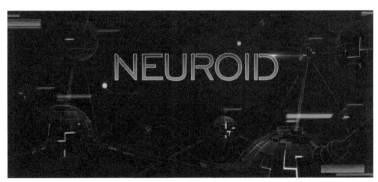

图 4-49 型录 具象图形表达　　　　图 4-50 型录 具象图形表达 卜嘉伟
　　　　管悦

4. 图形的抽象性

抽象性图形以简洁单纯而又鲜明的特征为主要特色。它运用几何形的点、线、面及圆、方、三角等形来构成，是规律的概括与提炼。所谓"言有尽而意无穷"，就是利用有限的形式语言所营造的空间意境，让读者的想象力去填补、去联想、去体味。这种简练精美的图形为现代人们所喜闻乐见，其表现的前景是广阔的、深远的、无限的，而构成的版面更具有时代特色。图 4-51、图 4-52 通过图形抽象性表现，增加了画面特征性风格表现的意味。

图 4-51 封面 抽象图形版式 吕韬

图 4-52 书装 抽象图形版式 吕韬

5. 图形的符号性

图形本质就是一种视觉符号，当一个物质具有了传达客观世界的作用并被公众认同时，它就具有一个符号的特点。而图形就是一种高度凝练和概括的符号，这种符号具有象征性、形象性和指示性的特点。

（1）象征性是通过感性的、含蓄的图形符号暗示与启发观赏者产生联想，揭示其内在设计意图（见图 4-53）。

（2）形象性是指以清晰的图形符号去表现版面的内容，是一种直观的形象表达，以增加图形与版面内容的联系，使图形与版面内容达到一致（见图 4-54）。

（3）指示性是指通过图形引领和诱导观赏者的视线按某种方向进行流动（见图 4-55）。

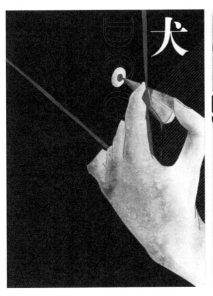

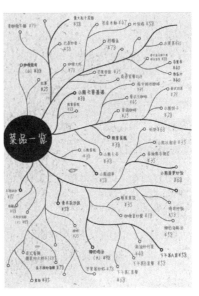

图 4-53 封面 象征性
王安男

图 4-54 封面 形象性
符钰翔

图 4-55 目录 指示性
符钰翔

6. 图形的文字性

图形的文字性是文字存在的本身符号图形的审美构成。图形的文字性具有图形文字和文字图形两层意思，其中图形文字是指将文字用图形的形式表现出来，文字图形则是利用文字作为基本构成元素形成图形，进而构成版面，使版面图文并茂。

图形文字是指将文字用图形的形式来处理构成版面。这种版式在版面构成中占有重要的地位。运用重叠、放射、变形等形式在视觉上产生特殊效果，给图形文字开辟了一个新的设计领域（见图4-56）。文字图形是将文字作为最基本单位的点、线、面出现在设计中，使其成为排版设计的一部分，甚至整体达到图文并茂、别具一格的版面构成形式。这是一种极具趣味的构成方式，往往能起到活跃人们视线、产生生动妙趣的效果（见图4-57）。

图 4-56 型录 图形文字 王颖

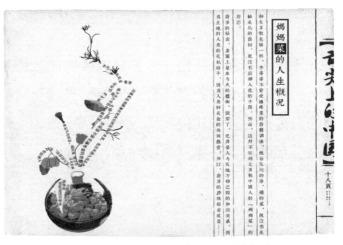

图 4-57 书装 文字图形 符钰翔

4.3.2 图形编排的样式

1. 图形编排的对比样式

图形在版面的布局要从整体性和简洁性入手考虑，使版面给人留下一个完整的印象。在保持整体性的同时还要在版面中增加图形与图形、图形与背景间的对比，这样可以提升版面的张力，使设计的重点突出，增添版面的趣味感。

版面图形的对比形式具体可以分为大小对比、明暗对比、曲直对比、动静对比、虚实对比等多种对比方式，不同的对比会带来一种不一样的效果，比如动静对比就可以通过"动"与"静"的对比来增添设计的动感，提升版面的活力。当然，无论哪种对比都是为版面的最终效果服务的，使其更加生动和丰富（见图4-58、图4-59）。

图 4-58 招贴 虚实对比
王淼

图 4-59 招贴 动静对比 王淼

2. 图形形状编排的样式

图形运用到版面当中，不仅成为构成版面的重要元素，同时其具体形状也是形成版面整体印象的关键部分。而图形按其形状样式又可以划分为规整的几何形与活泼的自由形，其中几何形给人一种严肃整齐之感，比如正三角形编排是最富有稳定感的金字塔形，而逆三角线则富有极强的动感（见图4-60、图4-61）。

图 4-60 招贴 正三角构图
张洁璠

图 4-61 招贴 逆三角线构图

    自由的形状则没有特定规律可循，是根据版面实际的编排情况而定的，它让编排更加自由灵活，同时也打破几何形带来的呆板感，为版面注入活力，带给人自由之感。但是在进行自由编排时要注意控制版面的节奏，保证其整体性（见图 4-62）。

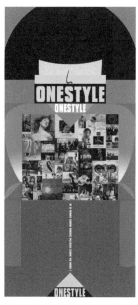

图 4-62 招贴 自由构图

4.4 色彩的版面构成

色彩是人脑识别反射光的强弱和不同波长所产生的差异的感觉，光是色彩的根本前提，可以说没有光就没有色彩的存在。随着人们对光和色彩认识的提高，人们意识到色彩色相的变化是由光波的长短来决定的，人们将能够通过肉眼观测到的光波区域叫作可见光区，通过三棱镜将光线中的色彩分为红、橙、黄、绿、青、蓝、紫七种。为了更好地对色彩进行研究和运用，人们从有彩色中提出色彩的三个基本属性，即色相、明度、纯度。色相就是指色的相貌，是在人们视觉上留下的印象，即平时常说的色彩名称在人们头脑中的形象；明度是指色彩的明暗程度以及色彩中含白色或黑色的程度；而纯度则是指色彩的鲜艳程度，纯度随着色彩中加入色相的增多而降低。

不同的色彩给人留下的印象是不一样的，也传达着不同的情感，所以在版式设计中色彩也被广泛运用，既可以传递特殊的情感，也可以制造不一样的视觉效果；既可以用于文字，加强区分度，也可以用于图形，增加其表现力。总之，色彩在版式设计中的表现力非常强，所以我们必须对色彩的作用和构成与调和的方法有一个深入了解，为我们的版面增色添彩。

4.4.1 色彩的作用

1. 色彩的情感

不同的色彩或同一种色彩处于不同的环境，会给人带来不一样的心理感受，因为它们存在着冷暖、轻重的关系，能带给人华丽或质朴、明朗或深邃等不同感受。

所谓色彩的冷暖感并不是指色彩自身物理温度的高低，而是指当人们接触到某种色彩时带来的一种直接的感觉，它与人们的视觉经验和心理联想有密切的关系。它是依据心理错觉对色彩进行的一种理性分类，波长短的红色、橙色、黄色光给人暖和的感觉，即暖色系；而紫色、蓝色、绿色光则有寒冷的感觉，即冷色系。

色彩的轻重感指的是当色彩附着在同一个物体表面时，不同的色彩会让该物体产生与实际重量不符的视觉效果，这种感觉就是色彩的轻重感。色彩的轻重感主要受色彩的明度影响，明度高的亮色感觉轻，明度低的暗色感觉重。同时冷色和中纯度的色彩看起来比较轻，而暖色和高纯度与低纯度的色彩看起来比较重。

色彩在冷暖、轻重、强弱等方面的不同也带给人们不同的情感体验，如华丽、朴实、柔和、坚硬等。设计者利用色彩的这些特殊情感，在平面中更好地表达出设计意图，唤起观者的情感体验，引起共鸣，实现设计目的。图 4-63 采用明度和亮度都很高的颜色，使画面十分华丽，具有动感和张力。图 4-64 整体选取偏暗的蓝灰色调，只用小面积的亮黄色加以点缀，给人的感觉是朴实低调的。图 4-65 在每种色彩中都加入了"白"，使色调粉嫩柔和，更具女性色彩，也符合设计作品想表达的化妆品的定位。图 4-66 画面采用黑白色调，给人感觉颇具棱角，有种坚硬冷酷的距离感。

图 4-63　招贴　华丽　张洁璠

图 4-64　招贴　朴实　宋盛兰

图 4-65　招贴　柔和　管悦

图 4-66　招贴　坚硬　无名

2. 色彩的象征性

色彩的象征是指将某种色彩与社会环境或生活经验有关的事物进行联系，产生联想，并将联想经过概念的转换形成一种特定的思维方式，例如看见红的人们有一种喜庆与积极的感觉。同时，色彩由于时代、地域、民族的不同而产生不同的象征意义，如黄色在中国是皇权的象征，代表着高贵；而在西方因其是犹大衣袍的色彩，所以是背叛的象征。

色彩象征意义的设计运用是一个复杂的问题，因为色彩的象征意义是多种多样的，受多方面影响；但是色彩的象征意义的运用又是必要的，因为通过色彩象征性的运用可以唤起人们的联想，进而传递情感。

虽然色彩的象征意义比较丰富，但是总是有限的，正是色彩象征意义的特定性为我们的具体运用提供了有效的手段。我们有必要去熟悉色彩象征意义存在的范围和对应的前提，避免在运用时造成不必要的混乱。图4-67、图4-68利用人们固有对颜色印象的判断进行设计，如橙汁的海报，就使用大面积的橙色；表达生命就用了象征成长和活力的绿色等。

图 4-67 招贴 色彩的象征性

图 4-68 招贴 色彩的象征性

4.4.2 色彩的搭配与色调的构成

配色指的是将两种以上的色彩搭配在一起，使其在组合以后产生一种新的视觉效果。色彩是不可能单独存在的，某一种色彩必定会受周围色彩的影响，在相互比较中散发出色彩的魅力。而作为版式设计的一个组成部分，配色是以色彩的审美规律来贯穿设计过程的始终，虽然色彩的感性经验不容忽视，但是我们更应该用理性的手段来主动地掌控色彩效果。

1. 配色方式

具体的配色方式是以色彩的三要素为基础的，千变万化的色彩效果都是由这三种要素的关系变化决定的，具体可以分为以色相为主的配色、以明度为主的配色和以纯度为主的配色。

以色相为主的配色是指根据色彩的相貌来进行色彩的搭配，这种搭配方式是以色环为依据的，根据其在色环上的位置，分为临近色、类似色、中差色、对比色、互补色等几大类。这种以色相为基础的配色是通过对其明度和纯度进行变化，产生对比，制造版面的丰富感觉。色相为主的配色使版面容易实现调和。

造成纯度变化的原因是在色相中加入了黑、白、灰和对比色，纯度越高色彩越鲜艳、活泼，就越容易引人注目，同时独立性与冲突性也越强；而纯度越低的色彩，颜色显得越淳朴、典雅、安静，但视觉注目度也会相对较低。为了更好地讨论和研究纯度配色，我们将色相的纯度由灰到纯划分为 12 个阶段，纯度相差的阶段越大，色彩搭配的对比就越强烈；反之则对比越弱。

明度指的是色彩的明暗程度。明度的对比是色彩构成中最强烈的构成方式，色彩的明暗度可以表现出画面的表情，比如画面明朗能让人感觉到和蔼，而画面阴沉则给人带来沉重感。采用纯度的分阶方式，将明度从黑到白灰分为 9 个阶段，以便于我们对其进行学习与运用。

在明度对比中，配色的明度差在 3 个阶段以内的组合叫短调，为明度的弱对比；明度差在 5 个阶段以上的组合叫长调，为明度的强对比。其中以低明度色彩为主构成低明度基调，以中明度色彩为主构成中明度基调，以高明度色彩为主构成高明度基调（见图 4-69 至图 4-71）。

图 4-69 低明度调 赵雨晴

图 4-70 中明度调 郑潇

色彩的搭配方式是多种多样的，并不局限于我们前面介绍的三种配色方法，此外还有色调配色、色彩虚实对比配色等不同的方法，它们都是在色彩三属性的基础上进行的配色方式。我们在版面上灵活地使用这些配色方法，可以让版面色彩更加协调，效果更加生动。

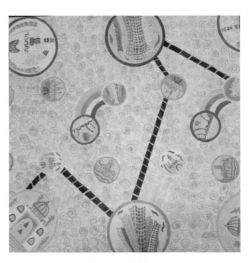

图 4-71 高明度调 王倩

2. 色调的构成

色调指的是一个色彩构成总的色彩倾向，不仅指单一色的效果，还指色与色之间相互影响而体现出的总体特征，是一个色彩组合与其他色彩组合相区别的体现。色调是受多种因素影响，如色相、明度、纯度、面积等，其中哪种因素占主导，我们就称其为某种色调。一些研究机构根据色彩明度和纯度的高低，将有彩色的色调划分为 12 个，无彩色的色调划分为 5 个，这样便于我们在配色时灵活运用。

色调的构成是从色彩组合的整体构成关系入手，掌握色彩的节奏与韵律，使色彩之间有秩序、有节奏地彼此依存，进而得到一个和谐的色彩整体，具体可以从色彩的面积、色彩整体的呼应与均衡、色彩的主次等几个方面具体把握色彩的色调构成。

　　色彩的面积对于整体的色调倾向具有非常显著的影响，同一种色彩，面积大的则光量、色量增强，易视度提高；反之则减小、减弱。设计者在设计色彩构成时有意识地使一种色彩占支配地位，以表达设计意图。

　　任何色块的构成都不是孤立的，它始终会受到周边色彩的影响，这些色彩在版面中的多少、大小和地位是不尽相同的；同时色彩的冷暖、轻重和远近感也是不一样的。为了达到色彩整体在视觉心理上的平衡，需要在色彩的纯度、明度以及位置上做出一定的调整，使它们达到力的平衡与稳定，并与周围的元素建立起呼应的关系。

　　根据版面的内容和设计的传达意图，将版面的色彩分出一个主次关系来，即主色、副色和点缀色。其中主色主要是版面的主调色彩，通常选用纯度较高、视觉吸引力较强的色彩；而副色则是与主色产生呼应的色彩，它需要与主色有一定的对比；点缀色则具有醒目、活跃版面的特点，以求达到画龙点睛的目的，一般选用与整体色调有一定冲突的色彩。图 4-72、图 4-73 两幅作品都在背景颜色较为黯淡的深色环境中，使用了小面积的黄色作为点缀，活跃了画面的气氛，使作品变得醒目。

图 4-72 招贴 点缀色活跃画面　　　　　图 4-73 招贴 点缀色活跃画面
　　　　　曹立夏

4.4.3 色彩的视觉设计

作为一种非常有效的视觉传播语言，色彩只有具体运用到设计之中才能体现出其价值。

1. 可识别性

色彩作为视觉元素中最刺激、反应最快的视觉符号，对于版面整体吸引力的提升有着举足轻重的作用。在企业识别系统中，色彩成为决定品牌差异性的关键因素，有助于提高版面的可识别性，使人们能够迅速地留下印象，并进一步巩固记忆。

2. 形象性

色彩的一个最重要的特点就是象征性，通过某一种色彩，人们很容易联想到相关事物。比如看见紫色会很自然地联想到葡萄，同时还能引起味觉也产生相应的反应，这就是紫色所代表的葡萄形象带来的一连串反应，所以色彩的形象运用会使设计变得更加生动具体。

3. 时代特征

色彩还具有很强的时代性，它的时代特点是人们赋予它的，就像其本身并不具备情感的因素却能引起人们丰富的情感联想一样，是人们在某一时间段由于受外部因素有意或无意的影响而形成的一种对某些色彩的特殊偏好，正如流行色是通过国际流行色委员会确定，并大肆宣传而让人们接受并喜欢一样，使用某种色彩在特定的时代具有一种特别的情感。

了解色彩的时代特点对我们的设计具有积极的指导作用，使我们能够根据人们的喜好去安排色彩，使色彩的作用得到有效利用。但是，对于这种特性的使用也要注意目标对象，因为时代特点具有一定的时间局限性，一般寿命较短，所以在使用时，对于那些正规的、权威的内容要谨慎使用。

课后习题

以"美食"为主题，以图文结合的方法，设计一组杂志版面，至少四幅。

要求：选择任何一种美食，每个版面中至少选择 6~8 张符合主题的图片，这些图片的拍摄角度尽可能多样化，为每张图片加上说明文字。利用这些图片和文字，设计出具有动感、对比鲜明、形式多样的页面。

尺寸：A3 图幅，横版，分辨率 300dpi。

第 5 章 版式编排设计的原则

5.1 版式编排设计的基本原则

5.1.1 直观动人

编排设计在传递某种具体信息时，需要编排和组合的各种元素（如标题、文稿、图形、画面、色彩等）总是直观和具体的。但不能把这种直观和具体理解为信息量在版面上的简单堆砌和罗列。一个版面仅仅为了"让人阅读"显然是不够的，它还必须设法去调动读者的内在情绪或引起学识联想。直观动人作为版式设计最基本的原则，是希望版式能与版式所负载的信息一起进入到一种艺术的感人的层面中，使阅读者在阅读时受到有趣版式的打动或感染，从而把阅读化为一种内心体验，把思绪自然而然地引入到文化的或艺术的境界中去漫游和畅想。图 5-1《重口味心理学》书籍的封面采用黄黑配色，对比强烈，有视觉冲击力，图形设计也别具一格，直观动人又不乏感染力。图 5-2 书籍内页的设计既符合平常的阅读习惯，又具有一种风格的引领，容易打动读者。

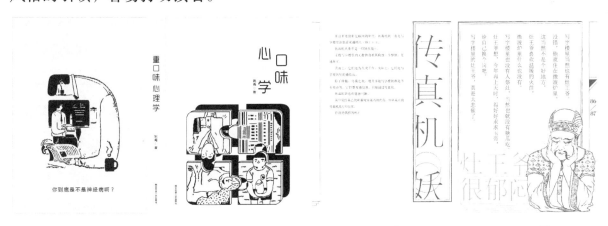

图 5-1 书籍封面 直观动人 龚宁 　　　　5-2 书籍内页 直观动人 张梦迪

5.1.2 简明易读

编排设计切忌过分繁杂、过分凌乱。版面的式样与其所传达的内容相比较，不可本末倒置，喧宾夺主。现今社会环境常使人处在紧张疲惫的状态中，在轻松愉悦的状态中获取信息，简明易读显得尤为关键和重要。图 5-3 整个页面简洁明了，从左至右没有赘述，读者不需过分思考，只需跟随自己常规的阅读顺序即可。图5-4页面分成左右两栏，图文结合，按照顺序从上至下阅读，较为轻松。

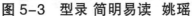

图5-3　型录 简明易读 姚瑶　　　　　图5-4　型录 简明易读 张倩

5.1.3　主次分明

编排设计所选用的素材（即视觉传达诸要素）一般都有主、次、轻、重之别，怎样编排和处理各种素材的主次强弱关系，体现着设计师的基本观点和设计倾向。主次含混，就会模糊甚至歪曲版面传递的信息内容；主次分明，才有利于版面信息的有效传递。图5-5在这张招贴海报中，主题形象"端午"二字被设计的较大，占据主要的视觉位置，而其他信息被放小，明度也被降低，因此主次分明，信息有轻重。图5-6图案设计居中且被放大，一只夜猫子拿着手机看，与设计师想表达的主题十分契合，其他的文字信息被缩小化，使整个版面主次有序。

图5-5 招贴 主次分明 李京松 　　　　5-6 招贴 主次分明 施亚娟

5.2 版式编排设计的艺术原则

5.2.1 感性美与理性美

1. 感性与理性意识的自然更迭

感性是自然的体现，主观性较强；理性是智慧的体现，注重客观需要。艺术创作崇尚感性意识，崇尚自然流露、情感宣泄，通过作品将这些情感及个性特征传递给观众。但在一般的编排设计工作中则更多地需要注重理性思维，运用理性思维的结果达成对于作品内容的表述，并以此来诱导读者遵循自己设定的方向进行阅读，从而准确地传递信息。

从哲学的角度看，理性和感性是一对相辅相成的矛盾统一体。从6000多年前的古陶器上就可以看到很多组织规律的纹样，这是理性编排的最好例证。这些古陶器向我们展示了古人类在感性和理性上是如何选择的：他们利用感性意识创造样式，又将这些样式加以理性的总结，成为更多的人所遵循的形式；而人们在传递和使用这些理性的编排形式时，又不断地利用感性意识进行补充，循环往复，使得感性和理性在艺术创作中高度结合。这是一个自然的过程，是自然的选择。

感性和理性就这样在艺术创造的不同阶段各司其职，完美地变质了艺术创造的流水线。

在历史发展的过程中，由于人们认识水平的提高，由于某种实际的需要（如提高传递效率的需要、准确传递的需要等），又在视觉语言表达的积累上形成了一定的基础，导致一些有着视觉语言规则的形式被总结出来，并被广泛应用。这是从感性上升到理性的一种选择，是社会进步的标志之一。

19世纪，大工业生产所造就的产品，即使缺乏人文气息、缺乏个性的魅力、缺乏手工的精美，但由于高速度、低成本的特征，仍然不可阻挡地成为社会的主流需要。如今，在科学技术不断进步的前提下，机器生产反而成了精美的代名词。这个例证对我们的启发是：艺术设计即使再怎么追求艺术的表现力，设计目的达成还是最首要的。理性地、技术性地表现设计作品，成为首要的、基本的选择，而对于艺术水准的追求则放在了更高的层面上。20世纪20年代，在德国著名的魏玛包豪斯建筑学校，一批艺术家为设计的学习建立了理性构成的多个系统，旨在利用这些形式为设计素质、设计意识和设计能力的培养打通路径。这股包豪斯之风开创了近代构成概念之先河，将设计训练抽象化、技术化，希望这些理性思维潜移默化于未来的设计工作中。同时也开创了设计的新风尚，将简约的、追求效率的理性之美的概念灌输给了现代人。在其后的许多年中，这种设计理念渗透到了包括建筑设计在内的艺术设计的方方面面，影响深远。

编排设计在这个简约化、理性化的风潮中可谓受益匪浅，衍生出了许多影响近现代平面设计的编排技巧，使得传统的或仅凭感性的编排设计方法受到了较大的冲击。简单的直线之美一度成为主流的编排思想，感性的发挥被理性的形式紧紧包裹，形成了明显区别于古典主义的、性格鲜明的、条理清晰的现代主义乃至于极简主义风格。

时至今日，也许是由于审美疲劳的影响，格局清晰、排列有度的理性编排方法受到了后现代主义反叛性的冲击，自由编排的浪潮不断地冲刷着理性构成的痕迹，追求感性表达的编排意识不断上升，感性表达与理性表达的较量又一次升级。但这并不意味着理性思维被压抑，而是在掺杂了感性成分之后，上升到了一个新的高度。多样性的审美是这个时代的标志之一。

然而重要的是，自由编排虽然充满了设计者的主观情感，在形式上自由奔放，很有感染力，但在阅读效果上往往会遇到诸多困难。因而进行大面积阅读内容的编排时，仍然离不开条理清晰的理性样式。图5-7型录的整体形状呈圆形不规则形，本身就是非常自由的设计形式，它的内页设计也十分的轻松，文字和图片的编排上也十分自由，属于感性的设计。图 5-8 型录以十分规矩的矩形版面构成为主，版式设计上也中规中矩，分为左右两栏，上图下文，比较理性，按照一定的规律排版。

图 5-7 型录 自由编排 曹立夏

图 5-8 型录 理性编排 马婷婷

5.2.2 比例美

1. 比例的概念

比例是指整体与局部、部分与部分之间长度、体积与面积相应要素的线性尺寸比值关系，如矩形自身的长度与宽度的尺寸关系、人与桌椅之间使用舒适度的尺寸关系、区域的分割等级关系等，都可以用比例关系进行表述。

优秀的艺术作品中都会呈现出各构成元素间和谐的比例关系。达·芬奇曾讲过："美感完全建立在各部分之间神圣的比例关系上。"为比例关系的实用价值做出了极高的注解。

2. 比例关系的探索和应用

在古埃及就有人开始探索美好的比例关系了。在古希腊众多人体比例的理想模式中，以毕达哥拉斯提出的黄金分割律（比例为0.618）的影响最为深远，流传至今。这个比例是以人体的肚脐为分割点，上半身与下半身之比是0.618，后来的画家、建筑家、雕塑家根据这个标准创造了无数不朽的艺术形象。中国民间画诀中有"头分三停，肩担两头，一手捂住半个脸，行七坐五盘三半"。在确定景物比例时，中国画论中也有"丈山、尺树、寸马、分人"的比例关系处理技巧。西方中世纪，一些数学家在前人的基础上对自然界的生长规律进行悉心研究，发现了一系列有规律的递增模式，即所谓的数列模式，这些数字与黄金比例之间有着精确对应的数字关系，因而在实际运用中对于分割就有了更多的美好依据。

3. 自然比例与理想比例

自然比例是人们从自然生长的规律中总结出来的数值关系，属于天然形成的美好比例。理想比例则是根据人们理想化的设计和总结得出的数值关系，属于人类愿望中的美好比例。

比例关系存在着自然之美和理想之美、古典之美与现代之美的区别，既是自然现象，也是人们对于美好事物追求的体现。人们追求美好的比例关系，一方面是为了满足视觉的舒适度，另一方面是为了满足使用的舒适度。现代人极度注重人类活动与各种工业造型的尺度关系，印证了毕达哥拉斯的"人是万物的尺度"一说，这是一个追求理想比例关系的典型例证。

自然的比例是合乎自然生长规律的比例，医学上认为人的比例标准应是身体各部位匀称，人体某些"参数"成一定比例，例如：两手向两侧平伸，两手中指尖之间的距离，一般与身高相等；上身长度与下身长度，即从头顶到耻骨联合上缘的距离和从耻骨联合上缘至足底的距离，大致相等；从头顶至脚跟均分7.5个部分等。但是，人们对自身的天然比例显然不满足，人类理想中的比例为从头顶至脚跟均分8个部分，每个部分都与头等高，即所谓8头身的比例。在古典作品中，8头身的比例被认为是最美的。而现代人在服装画的创作中偏爱9头身的比例，人体被夸张地拉长。这一切证明了人类对比例关系始终拥有着自身的期望和判断标准。所以说，美的比例也不是一成不变的，会随着时代的前进、人类的审美标准的转移而变化，如从古至今所崇尚的黄金比例，在现代常用的纸张比例上就没有广泛运用，而是以1:1.414的比例运用为主。

4. 编排设计与比例的美

无论是毕达哥拉斯提出的黄金分割比例，还是希腊人从螺旋形渐开的数据规律探索中对宇宙的领悟，无论是中世纪数学家的研究发现，还是近代人对现代设计的理性理解，都为编排设计提供了非常多样的比例和分割关系。这些比例或分割的方法，在编排设计中发挥了提升效率、规范形式、创建美好等作用。因此在现代设计中，尤其在编排设计的具体工作中，美好的比例关系则奉为平面设计的最高境界。

对比例关系的崇拜和运用都曾影响深远。其中常被用到的比例及数列关系包括：黄金比（0.618）、$\sqrt{2}$比（1∶1.414）、等比（1∶1）、叠席比（1∶2）等比例关系；斐波纳契数（前两数之和等于第三数，连续两项比值趋于黄金比）、等比数列、等差数列等数列关系。图5-9这张招贴中，上图下文基本处于1∶1的比例分割，整个画面看起来规规矩矩，有一种规范的形式美，但却没有突出的视觉感受。图5-10中图至文字至最下一行的文字信息，所占位置比例依次变小，成等差分割，渐进式地缩小，有种规律性。

图 5-9 招贴 等比分割 张策　　　图 5-10 招贴 等差分割 龚卓

印刷用到的纸张、阅读的书籍、通讯用到的信件等，都会按照一定的比例进行尺寸确定。常见的纸张均为矩形，长宽之比多为$\sqrt{2}$比，如 A4 幅面的纸张长宽比为 297÷210=1.414；16 开的纸张长宽比为 260÷184=1.413；32 开的书籍封面长度比为 184÷130=1.415；而常见的 4×6 英寸的照片长宽比为 1.5，接近黄金比；小号标准邮寄信封长宽比为 220÷110=2，是一个标准的叠席矩形；大号信封的长宽比为 325÷230=1.413。利用这些美好的比例尺寸进行纸张切割之后，设计中在分割编排区域、布局构成元素时仍然可以参照美好的、约定俗成的比例关系进行处理。图 5-11 在这个 32 开大小的书籍封面中，没有做过多设计元素的填充，而是根据书籍特定的尺寸大小进行了插图绘画和设计。图 5-12 信封、信纸和名片的尺寸多有一定的标准，按照其特定的尺寸及比例去进行设计。

 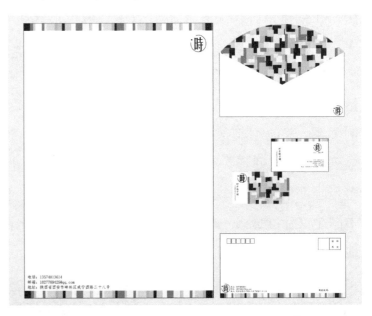

图 5-11　书籍封面　梁晓丹　　　　图 5-12　信封、信纸、名片　戴子莘

5.2.3　风格美

1. 风格是什么

风格是一个时代、一个民族、一个流派或一个人在文艺作品中所表现的主要的思想特点和艺术特点。风格是抽象的，因为它是一种综合感受；风格是独特的，它应具有与同类作品的差别性；风格是有性格的，它借助艺术作品传递情感。风格是与众不同的地方，正因为如此，具有风格的艺术作品才有可能具有感染力，容易打动人、说服人。

风格是可以捕捉的。在设计作品中，风格的体现既要传递作者的情感，还要照顾读者的情绪。在表现中要捕捉风格，虽然有难度，但也是有方法的：确定风格的基本方向——确认作品的功能和读者群特征，确认自己想提供何种印象给读者群——确定表达的基本路径——寻找符合风格方向的构成元素的造型表达和编排样式，寻找符合风格方向的实现媒介。图 5-13 这一套名片、信封、信纸采用淡雅柔和的色调，符合设计者想表达的主题，有一种清新自然的风格。图 5-14 通过其色调和图案的一致性，这张作品也体现出一种别致的风格。

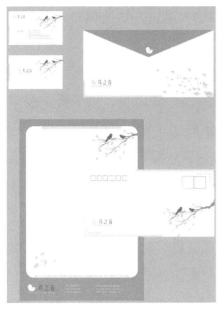
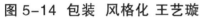

图 5-14 包装 风格化 王艺璇　　　图 5-13 名片信纸信封 风格化 赵雨晴

2. 风格的表现技巧

风格应该是自然地流露，是感性的产物。但是风格既然可以被捕捉，就有了理性的成分，就有了表现的技巧，即通过造型的个性表现、色彩的对比变化、手法的多元化呈现，使编排设计的艺术性再现得以实现。图 5-15 从这个包装作品上，可以看出强烈的日式风格，主要原因有色调的匹配、明度的统一、典型的图案，这些都是呈现出日式风格的表现技巧。图 5-16 同样是一种日式风格的表达，这种技巧也通过一种较暗的色调、细致的装饰设计、古风的图文排版来体现它的风格化。

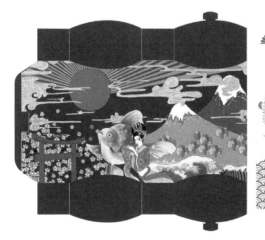

图 5-15 包装 风格表现 邓宗健　　　图 5-16 书籍内页 风格表现 朱慧玲

5.2.4 平衡美

平衡也是一种关系，是版式构成基础上设计要素之间的关系。版式设计就是将文字、图形等视觉要素归纳为点、线、面，然后处理它们之间的构成关系，使整个版面达到平衡之美。

字体是版式设计中最小的单位，在设计中可以将一个字看成一个点，一行字看作一条线，一段文字视为一个面，这样我们就可以比较容易地处理字的平衡关系。一般来讲，中文标题字最大，字数较少，位置在黄金分割处（即画面上部三分之一处），这样由于重力比较大，势必会产生一种下滑的趋势。为了达到画面的平衡，设计过程中可以将正文字号缩小，行距加密，产生一个面，以面的支撑力和上浮力来抵消标题字的下滑趋势。图像是设计要素中面积最大、最具视觉冲击力的元素，我们在文字排版的时候要根据图片的动势来安排文字的位置、大小以及色彩。比如，一个倚靠姿势的人物，我们在排版的时候可以放在画面的边缘，用边缘作为支撑，以平衡人物倾倒的动势；或者将文字排成文字块，用文字块代表虚拟的支撑物，这样也可以达到画面的平衡。总之，版式设计就是在处理图形与文字的平衡关系。

设计师在追求版面平衡，受众的眼睛也在捕捉平衡，这是为什么呢？按照阿恩海姆的理论我们可以这样认为：达到平衡的式样，其中的设计要素的构成关系是确定的，这种关系是容不得半点改变的。对于不平衡的式样，各设计要素之间的构成关系是不确定的、短暂的，每个要素都想极力改变自己所处的位置，整个式样随时都有发生改变的可能。之所以出现这种情景，是因为不平衡的式样各设计要素之间的构成关系是混乱的，也就是作品在信息编码阶段就出现了混乱，所以受众在解读的过程中也就不知道式样究竟要传达什么样的内容。现在很多艺术家把平衡作为一个消除模糊性和不对称性的手段（即作为艺术家为了使自己表现的意义清晰明了而采用的不可缺少的手段），它可以在传达信息的过程中使人得到愉悦，使设计师的思维与受众情感达到共鸣。

著名的符号学的代表人物苏珊·朗格曾经说过："一种作品'包含着情感'，恰恰就是说这件作品是一种'活生生'的事物，也就是说它具有艺术的活力或展示出一种'生命的形式'。"她反复强调艺术表现的情感作用："所谓艺术表现，就是对情感概念的显现或呈现"；"所谓艺术品，说到底也就是情感的表现"。平衡的式样可以传达一种确定的事物关系，人们可以比较容易理解它所表达的意义，同样带给人们的情感也是愉快的。阿恩海姆也认为平衡可以使人们称心和愉快。中国古代的建筑受中国传统文化的影响，完全是沿着一条中轴线往两边展开的一种绝对对称的平衡结构，这种平衡结构传达出中国古代社会的礼制，体现帝王的权威。所以在现代版式设计中，遇到要表达庄重主题或者正规题材的设计时，一般我们可以采用中轴对称构图的平衡式样。

版式设计实际上就是在特定的版面内协调各设计要素之间的构成关系，使各种要素形成的力场达到一种和谐、平衡。我们在版面设计中经常会用中轴对称构图，有些人说这种构图是万能的，不会犯错误。中轴对称构图实际上是一种典型的天平式的物理平衡，在支撑点所有的力达到一种均衡，不偏不倚，每个要素之间的构成关系确定，没有要改变自身位置、形状的态势，整个式样本身也非常的稳定。从阿恩海姆的一个正方形内的力场分布图来看，四条轴线的交错点，也就是正方形式样的中心点力量是最大的，同时吸引力也是最强的，所以当采用中轴对称构图时，所有式样已经被牢牢地吸附在中心点上了，它们没有改变自身位置的可能，故中轴对称构图是稳定的构图。

但是，稳定的另一面就是呆板、没有生机。在眼球经济高度发达的今天，人们的阅读方式已经由接近图像转化为被图像所包围。要想让作品在零点几秒的有效时间内抓住受众的眼球，作品本身必须生动。生动包括色彩、创意和构图等方面，但是构图是最重要的。版式是一切视觉传达的基石，构图也就是所谓的版式经营。那么，我们该如何通过画面的版式经营使作品达到吸引受众的目的呢？这就要求我们在画面构图的时候找寻心理平衡，要在物理失衡的基础上做到心理平衡。物理失衡也就避免了中轴对称带来的呆板，画面也就具有了动势，然后再通过改变其他设计要素的位置、形状、色彩、大小等方面去弥补和抵消这种失衡。更进一步说，画面要有一种主动势和多种次动势，这些次动势之和在大多数情况下要小于主动势，这样画面就达到一种知觉上的平衡。对此，在《康定斯基论点线面》一书中康定斯基也提出了精辟的"细线支撑大点"理论。所以，在版式设计中我们要充分认识平衡式样的审美意蕴，探索式样背后的力场平衡理论，以此做到各设计要素的位置经营有理有据。

5.3 版式编排设计的技术原则

5.3.1 编排中的逻辑

编排设计包含着三大逻辑关系：①层次的逻辑关系；②疏密的逻辑关系；③视觉与心理的逻辑关系。

1. 层次关系

编排设计的主要任务是进行视觉元素排列，建立合理的阅读次序。在排列中要分清主从关系，不同元素间以及相同元素之间的分量关系。例如，标题的字体与内文的字体间大小、形状的区别；内容与图形之间相互的层次对比关系增加层次，以突出重点。图 5-17 大标题放大，直击主题，主视觉图形也位于明显的位置，次要的信息缩小放在下方，有明显的层次关系。图 5-18 主标语和产品形象被放大，使人一目了然，小文字用来介绍产品的细节，主次分明，有明确的层次表达。

图 5-17 招贴 层次关系 王滢 　　　　　图 5-18 招贴 层次关系 邹嘉诚

2. 疏密关系

疏密关系也称虚实关系，是空白与实体在画面所占据比例的关系。疏密的变化可以是画面中产生律动的变化效果，以增强节奏感，提升阅读的舒适度。虽然中国传统山水画章法中常提到"疏可走马，密不透风"，但从画面上还应看到："……不使疏者嫌其空，密者嫌其实，则思过半矣。"在现代设计中，对于构成元素的编排处理也应遵循这样的原则，才能使视觉心理得到平衡。图 5-19 在书籍内页的设计上，有疏有密，疏的地方用来营造空间，给图形的表达更充分，密的地方营造出一种没有时间的紧迫感。图 5-20 上部空间较为疏松，下部排版较为紧密，给读者轻松的阅读感受。

图 5-19 书籍内页 疏密关系 杨凌均

图 5-20　书籍内页　疏密关系　夏小宜

3. 视觉与心理关系

现实中，客观实际与视觉辨识往往不在同一个标准之下，因为视觉中的某些现象与心理学有关，因而形成了所谓的视觉心理。如人的视觉总是把圆缩小、把直线夸大，色彩不一样时，形状也会有变化等。图 5-21 这是大家熟悉的视知觉图形，就是两边中心的黑色圆形是一样的大小，但因为黑色圆形周围的白色圆形的大小参照不同，在视觉上形成了黑色圆形大小不一的视错觉效果。图 5-22 在平面的二维图中，因为特殊的绘画方式，给观者营造出三围的深邃的视觉效果。

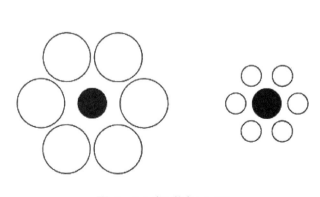

图 5-21 视觉与心理

图 5-22 视觉与心理

这些视觉心理现象是不以人们的意志为转移的客观存在，编排设计必然会受制于这些视觉心理的影响。在具体的设计中，必须要考虑顺应人类独特的视觉心理，并在这个前提下进行有效的引导，才能达成信息准确传递的目的。图 5-23 中同样是两张棒棒糖的招贴，第一张的主题形象棒棒糖色彩丰富，使人感受到"玩味""乐趣"等愉悦的感受；第二张同样是棒棒糖，在整体背景及排版形式不变的情况下，只是主体物失去了色彩，给消费者的感受就少了那么几分色彩。这便是视觉形象带给人们的心理感受。图 5-24 是一张啤酒的招贴，通过狂野、神秘的插画设计和图文排版，展现出啤酒的魅力，同时也使得消费者对这款啤酒更加喜爱和认同。

图 5-23 招贴 视觉引导 朱慧玲　　　　　图 5-24 招贴 视觉引导 张梦迪

 课后习题

1.思考版式设计若干原则在娱乐性刊物封面中的具体体现与运用。

2.任选一版式设计作品，按照本章所陈述的版式设计若干原则，对其进行点评，指出其优点与不足，并试提出改进方案。

第 6 章　版面编排的设计流程

6.1　版面编排的设计流程

编排设计工作中包含了"编"和"排"两个部分。"编"是前期工作，是指对于编排内容的理解和整理，主要任务是将构成元素进行相关确认。"排"是设计的主体工作，主要任务是给予元素以合理确定的位置，在版面上进行有效布置。

6.1.1　确立设计主题，把握设计方向

主题是对设计对象进行设计表达的基本方向，是确定形式语言的主要依据。确立主题是编排设计工作前期的重点，把握好设计的主题，就把握好了设计的方向，才能进行有效的设计，设计作品的成败与否往往也就在于此。一件好的设计作品，不是靠设计者自我良好的感觉就可以达成的，它是需要通过受众的认可度、接受度以及信息传达的效果来确认的。因此，设计主题的确立应该围绕受众群的特点或需求而进行。

在把握设计方向时，必然离不开风格的确定，如沉稳的、开朗的、欢快的、高雅的、清新的、喧闹的、空灵的等。在满足内容的前提下，风格的追求首先要照顾读者的情绪，同时通过具体的表现手段和表达角度传递创作者的情感，形成具有独特个性又科学合理的编排设计作品。

在确立设计的主题时，应坚持以下原则：以受众需求和信息传递为主旨、以个性表达为辅助，凸现核心诉求、明确信息主体、确立风格走向，为编排设计工作建立明确的目标和方向。

6.1.2 选择设计题材，确定表现方法

题材有广义和狭义两个角度的解释。广义的"题材"是指文艺作品中所反映的社会生活的某些领域或社会现象的某些方面。狭义的"题材"是指为艺术作品主题所选用的具体材料。在编排设计中，人物、风景、装饰图形、各种物件、文字，抽象或具象的对象都可以成为设计表现的题材。设计题材的挖掘思路应该是很宽阔的。

在确立了设计主题的前提下，在设计对象已具有的原始素材的基础上，可以选择具体的人物、风景等题材内容，并根据这些题材的特点选择摄影、绘画、计算机

处理等手法进行设计表现。

一般情况下，表现方法应遵循的原则为图形要寻求简练、色彩要协调统一、排列要遵循视觉规律、手法要崇尚流行、整体要强调美感。

6.2 版面内容的调整与统一

再多的创造性构想如果不能表现为视觉语言，对于设计师而言都是失败的，设计师不仅需要超常的想象力，同时也需要快速有效的创意表现力。了解和掌握普遍通行的作业流程有助于初学者形成良好的设计习惯和方法。版面内容的搜集、整理与归纳，对于设计者来说至关重要，设计的内容不仅要体现出设计的风格，更要体现出作品的本身的精神内涵。所以，对于版面内容的调整与统一，是决定设计作品至关重要的环节之一。

6.2.1 加

针对某一主题进行编排设计，前期应该有目的性地对资料进行广泛收集，这一过程是在做设计的"加"法。

通过对主题内容的理性分析，以准确表现主题为目标，从文字、图形、插图、肌理、材料等各方面出发，搜集与主题相关联的设计素材。这一阶段搜集的素材越多，带给设计师的设计灵感和刺激就越丰富，产生优秀设计创意的可能性也就越大。图6-1中丰富和多元的信息把画面填充得饱满，有趣的人物形象将"跳跳糖"这一产品的特质展现得淋漓尽致，周边红色的边框使画面更加丰富，作品也体现出一种风格化。

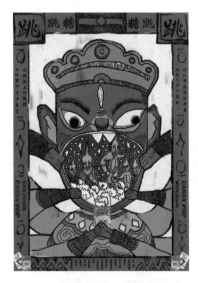

图6-1 招贴 丰富的画面元素 曾艺豪

6.2.2 减

通过对设计素材的分析判断，找出最理想的部分，舍弃关联性不够的设计资源。这一阶段如同在做设计的"减"法。图 6-2 画面直抒胸臆，素材使用简洁明了，使主题表达清晰，观者在接收信息时一目了然，不需要过多的线索整理，能迅速抓到信息点。

6-2 招贴 简洁的画面元素 熊珊珊

6.2.3 乘

将上一阶段选出的理想的设计素材进行认真分析，通过各元素间的交叉组合进行发散性联想，将瞬间的灵感都以视觉语言的形式记录下来，形成丰富多样的设计草案，这是作业中期对资料的相关性组合。这一阶段如同做设计的"乘"法。

6.2.4 除

认真分析上阶段所形成的多样的设计草案，判断设计主题的目的性与设计作品之间的关联，对设计方案进行精简，形成成熟的设计作品。这一阶段如同做设计的"除"法。

设计作品的呈现是一个充满艰辛的创作过程。在进入一个项目的初期，设计师耗费大量的时间和精力，产生了一些自我感觉良好的设计作品，但随着对设计主题认识的不断深入，有时会发现其错误之所在，此时设计师一定要能够忍痛割爱，舍弃之前辛苦劳作的成果。只有站在宏观的高度大胆取舍，方能成就伟大的设计。

6.3 视觉心理原理的灵活运用

在某些领域内，心理学和视觉传达设计学具有共同的研究兴趣，视觉知觉便是其中之一。许多年以来，心理学家们一直想确定在知觉过程中人的眼和脑是如何共同起作用的。对知觉所进行的一整套心理学研究，以及由此而产生的理论，被称为格式塔心理学。格式塔是德文"Gestalt"的译音，意思就是"模式、形状、形式"。格式塔是一个著名的心理学派，基于这个学派的格式塔视觉原理还有一个小名：完形心理学。其核心理论是：人们总是先看到整体，然后再去关注局部，人们对事物的整体感受不等于局部感受的加法，视觉系统总是在不断地试图在感官上将图形闭合。

格式塔心理学认为在一个格式塔（即一个单一视场，或单一的参照系）内，眼睛的能力只能接受少数几个不相关联的整体单位。这种能力的强弱取决于这些整体单位的不同与相似，以及它们之间的相关位置。

6.3.1 格式塔原理在构图中的应用形式

格式塔原理在视觉设计中的应用形式包括：删除、贴近、结合、接触、重合、格调与纹理、闭合。

1. 删除（简洁的原则）

删除就是从构图形象中排除不重要的部分，只保留那些绝对必要的组成部分，从而达到视觉的简化。图6-3、图6-4中画面简洁明了，直接向受众传达了商品的特性，简洁的符号加上一句有力的标语使产品性质完全表达。如一个闪电就能表达洗衣粉瞬间去污的高效清洁力，一个简单的wifi符号，就直观的向受众阐明普联的产品特征，直抒胸臆，使消费者一目了然。

图 6-3　招贴　简洁的原则　卜嘉伟　　　图 6-4　招贴　简洁的原则　姚宇琪

2. 贴近（临近的原则）

各个视觉单元一个挨着一个，彼此靠得很近的时候，可以用"贴近"这个术语来描绘这种状态，通常也把这种状态看作归类，即贴近而进行视觉归类的方法。图6-5 将内容相近的信息可以在版面上放在相近相邻的位置，并根据信息内容的不同把它们有序安排，使信息成块面出现，呈现出清晰的信息层次。

图 6-5　招贴　临近的原则

3. 结合

在构图中，结合就是指单独的视觉单元完全联合在一起，无法分开。这可以使原来并不相干的视觉形象自然而然地关联起来，常用的设计手法——异形同构，即把两种或几种不同的视觉形象结合在一起，在视觉表达上自然而然地从一个视觉语义延伸到另一个视觉语义。图6-6将熊猫的黑眼圈与狼的脸结合在一起，实现异形同构设计，点明设计的主题告诉人们不仅要保护熊猫，还要像保护熊猫一样保护其他动物。图6-7将芭蕾舞者的腿与乐器相替换结合，从含义上将音乐与舞蹈结合起来，达到设计者想阐明的效果。

图6-6 招贴 结合的原则　　　　图6-7 招贴 结合的原则

4. 接触

接触是指单独的视觉单元无限贴近，以至于它们彼此粘连。这样在视觉上就形成了一个较大的、统一的整体。图6-8将溅落的饮料与杯子接触，融合为一个视觉整体，使整个画面变得有张力，同时也增加了一些动感。图6-9将笔刷与头发接触，使画面有了前后关系，画面变得丰富，更有视觉冲击力。

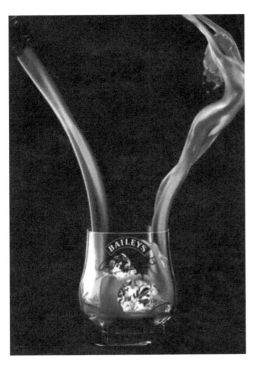

图 6-8　招贴　接触的原则　　　　　　　　　图 6-9　招贴　接触的原则

5. 重合

重合是结合的一种特殊形式。重合不同视觉形象形成具有一个共同的、统一的轮廓，那么这样的重合就成功了。图6-10是绝对伏特加的系列广告，它将品牌与各种事物进行了视觉重合，画面视觉冲击力强，记忆深刻。

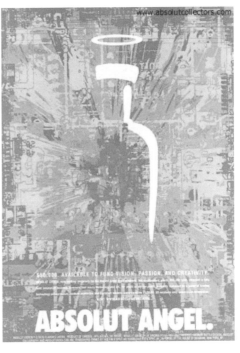

图 6-10 伏特加系列招贴 重合的原则

6. 格调与纹理 （重复的肌理）

格调与纹理是由大量重复的单元构成的。两者的主要区别在于视觉单元的大小或规模。格调是视觉上扩大了的纹理，而纹理则是在视觉上缩减了的格调。图 6-11 通过简单图形的重复，构成了具有形式感的纹理。

图 6-11 招贴 格调与纹理

7. 闭合

把局部形象当作一个整体的形象来感知，这种知觉上的特殊现象，称之为闭合。由一个形象的局部而辨认其整体的能力，是建立在我们头脑中留有对这一形象的整体与部分之间关系的认识的印象这一基础之上的。图 6-12 都是在画面设计中使用了闭合原理的设计，给人以巨大的想象空间。

图 6-12　招贴　闭合的原则

6.3.2　格式塔原理应用与图片编辑

视觉心理学所关注的就是使视觉元素合理定位、合理走向、合理分布，使版面有明确的视觉焦点、清晰的视觉脉络及合理的空间分布，形成一个有秩序的版面。

1. 突出的视觉焦点

一般而言，每个版上只有一个视觉中心，任何出现在同一版上的另一视觉中心都是噪音，它们之间会彼此干扰，造成读者视觉上的困惑。

根据视觉心理学的研究，人的视线对于版面的视觉诉求力大体是上部比下部强，左半部比右半部强。图 6-13 大标题位于版面的上部，图 6-14 主体形象位于版面左半部，都是符合视觉心理，使视觉焦点突出。

图 6-13　活动招贴　视觉焦点在上部　林程　　　　图 6-14　招贴　视觉焦点在左半部　赵竹药

2. 清晰的视觉脉络

人们在完整地接收平面元素信息时，视线会形成一个习惯性的流动顺序：视点先落入视觉焦点，后随各元素间的强弱变化而作有序流动，最后完成对全部元素信息的吸收。美国报纸版面设计专家多运用视觉张力来营造视觉流程。"张力"是指在视觉心理学上用来表示物象形式之矛盾差异对比所产生的对抗振奋感和精神刺激力。差异越大，视觉张力也就越强。

在版面上增加一张照片时，竞争的局面便造成了，而视线的流动自然也不可避免。图6-15将照片与文字结合出现在画面中，使读者的目光依次流动起来。如果两张图片重量相等，那么视觉元素的对比就不够明显，这样的版面设计使视线流动产生不确定性，明显不符合视觉心理学的原理。图6-16中图文相对在版面中占据了比例相当的位置，就会给读者造成一种不确定的阅读顺序的感觉。在重量不等的图片之间，张力的存在使读者的视线能按明晰的脉络

图 6-15 型录 视线流动 张策

图 6-16 型录 不明显的视觉元素对比

流动：目光先投至大图片，然后流动至较小的图片。图6-17在这张型录作品中，主体图片在左半部，较小的图片在右部，使读者有明确的阅读顺序，视线产生流动。

图 6-17 型录 视线由大向小移动 张翰

除了用视觉张力来营造视线的流动外，报纸版面还可利用图片的趣味中心（趣味中心指照片中最引人入胜、给人印象最深刻，也是摄影者最想表达的画面形象主题）的指向作用，将视线从照片中转移出来。趣味中心的指向作用，可以突破画面限制，在照片邻近的版面上发挥影响，如图 6-18 所示。

图 6-18　报纸　视觉中心

3. 合理的空间布局

生活中的三维是立体空间，看得见、摸得着、能深入。而在版式编排中的三维空间，是在二维空间的平面内建立近、中、远立体的空间关系，看得见而摸不着，是假象空间。这种假象，是通过借助多方面的空间关系来表现的，即比例、动静、图像肌理等空间因素。

（1）比例关系的空间层次。

面积大小的比例，即近大远小而产生近、中、远的空间层次。在编排中，可将主体形象或标题文字放大，次要形象缩小，来建立良好的主次、强弱的空间关系，以增强版面的节奏感。图 6-19、图 6-20 中将标题放大，次要文字缩小，使阅读更有秩序性。图 6-21 整体图片分成三个层次，大中小进行有序的排列。

图6-19 招贴 文字的层次

图6-20 招贴 文字的层次 王滢

图6-21 招贴 图片的层次 付美玲

（2）位置关系的空间层次。

位置关系的空间层次有通过前后叠压的位置关系构成的空间层次，版面上、下、左、右、中位置所产生的空间层次，疏密的位置关系产生的空间层次。图6-22主体形象通过层层叠压，整个画面呈现出一种纵深的空间感。图6-23中上半部的拐杖与下半部的黄胶带，在位置摆放上的错位，使画面出现空间感。图6-24中两侧排版较为紧凑，中部宽松，这种疏密的安排也会产生空间层次。

图 6-22　商业招贴　前后叠压构成空间层次　杨凌均

图 6-23　招贴　位置关系构成
空间层次　曾艺豪

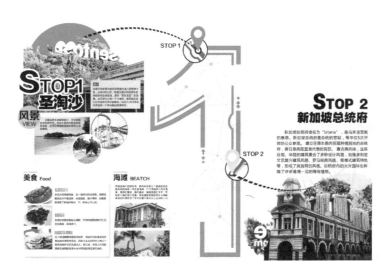

图 6-24　型录　疏密关系构成空间层次　李炳昕

课后习题

1.用相同的版面元素，分别设计两个版式（尺寸 A3，竖版，分辨率 300dpi）。

2.用相同的版面元素，根据不同的主题诉求，完成三个不同视觉焦点位置的版式。

第7章　版式编排设计的栅格构图

7.1　栅格化构图的历史发展与概念

7.1.1　栅格化构图的历史发展

17 世纪末，法国国王路易十四下令由数学家尼古拉斯领导成立管理印刷的皇家特别委员会，负责设计科学合理而且实用的新字体。此后，他们以罗马体为基础，每个字体分为 64 个以方格为单元的基本单位，每个单位再分成 36 个小格，形成有2304 个小格的网格。他们在这个严谨的几何网格中设计字体和版面编排，这是栅格系统的开端。

从古希腊时期的毕达哥拉斯学派到现代的荷兰"风格派"，不同的历史时期都有一些艺术家尝试运用几何和数学的方法分析对象，进行艺术创作。古希腊的数学家们研究发现了黄金分割比率，众多艺术家将这一理论应用到艺术作品的创作之中，对当前的设计形式美形成了深刻的影响。1919 年，德国著名建筑家沃尔特·格罗佩斯建立了继荷兰"风格派"运动、俄国"构成主义"运动之外的设计运动中心"包豪斯学院"，包豪斯学院推崇的高度理性、简约主义、功能化和几何形式化的风格设计带有明显的栅格系统的特点（见图 7-1）。20 世纪 20 年代，瑞士现代主义的设计家创造性地完成运用栅格化进行编排设计的研究，并运用到书籍设计、报纸编排设计等领域，以《新平面设计》杂志为标志的瑞士平面设计因简洁洗练，传达清晰准确而渐渐流行。杂志主张段落分明、功能明确、强调逻辑性，使用近乎标准化的比例公式制作栅格系统，以便精确而优美地配置图片和文字，是二战后影响最大、最具时代精神的设计风格。经过数十年的不断发展，这一方法日益成熟，并在西方得以广泛运用。在美国，设计师大量应用栅格系统进行设计，追求平面设计的标准化和清晰良好的视觉传达功能，使美国平面设计的水平迅速提高，对美国出版业产生了巨大的、积极的促进作用。现代设计要求设计师在同一版面中表现大量而且庞杂的图文信息，以满足传达信息的需要，并带给受众美的体验。在版面中，通过对大量庞杂的图文信息的栅格化处理编排，可以使画面形成不同的功能分区，使各信息之间的主次关系明确（见图 7-2）。严谨、和谐、理性的美是这种编排方法的总体形式的特征。

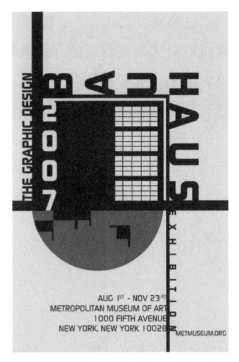

图 7-1 版面 包豪斯风格设计　　　图 7-2 版面 网页栅格运用设计

当今平面设计的世界流派众多，风格各异，令人目不暇接。其中以栅格系统为基础的"传统"设计和以"叛逆"为特征的自由设计最具有代表性。栅格系统在平面设计中的地位不曾动摇，它的稳固来自于它逐步发展和完善的理论以及无与伦比的功能性都符合人们的阅读习惯和变化的审美潮流。栅格系统是一种对版面进行有效布局的系统，是一种对页面风格进行规划的方法，在平面设计中扮演着举足轻重的角色，对当代平面设计的发展起着重要的促进作用。

7.1.2　栅格系统概述

1. 定义

栅格系统是一种起源于 20 世纪的版面构成方式，是平面构成中骨架这一概念的延伸，这种构成方式使版面主次有序、泾渭分明。栅格系统又称网格设计系统、标准尺寸系统、程序版面设计、瑞士平面设计风格、国际主义平面设计风格。栅格系统是以规则的网格阵列来指导和规范版面布局以及信息分布的，这种方法的使用不仅可以让信息更加美观易读，而且为前期规划和后续设计带来更多的灵活与规范，成为目前世界上普遍使用的版面组织编排方式。

栅格化的主要目的是方便设计师有效地组织版面元素，充分体现设计思路。生活中我们在城市布局、杂志、网页、报纸等不难发现栅格系统的存在，运用网格进行编排是一种更为理性的编排方法，以便于构建一个更为完整的版面（见图7-3）。在平面设计中，栅格系统就是一种用来搭建、组合用以对版面进行有效布局和探索风格的系统，是对页面版式的规划。尽管网格是组织版面的重要手段，但它并不是影响版面设计的绝对因素，设计师必须要有选择性地使用栅格系统，以达到提升版面效果的目的。

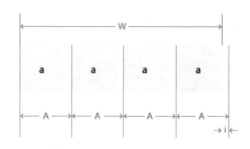

$$(A \times n) - i = W$$

A：一个栅格单元的宽度

a：一个栅格的宽度

A=a+i

n：正整数

i：栅格与栅格之间的间隙

W：页面/区块的宽度

图7-3 网页栅格应用原理

2. 栅格系统的功能

栅格系统是隐形的架构，在印刷成品中是看不到的，它控制着印刷品的边距，文本栏的宽度，页面元素之间的间距、比例、大小，每页重复出现元素的固定位置等。栅格系统组织版面的作用是非常明显的，通过运用各种形式的网格，版面变得有序而自然，让设计者对元素的编排有了依据，使设计编排的过程变得轻松。设计师用辅助线创造和调整一个栅格系统以便于在空白的页面上高效地放置各种元素，如大标题、正文、照片等，并利用栅格迅速地进行各种细微调整，如图7-4所示。

图 7-4 杂志版面的栅格运用

（1）建立页面秩序、调节版面气氛。

栅格系统能帮助建立整体的架构以支撑设计内容，引导页面的各种元素，制定一定的标准，按顺序将大量的独立元素如文字、标题、照片、图表等有秩序地安排在页面上，形成视觉上的秩序感，同时形成版面特有的气氛，使读者能不自觉地遵循一定的规律，体验到轻松愉快的阅读感受。

（2）增加版面连贯性、提升关联性。

无论是对称还是非对称的编排都让版面有一个明确的整体结构，更有一个清晰的流程安排，设计者根据这种既定的结构分析版面的视觉中心的设置，使流程的安排有的放矢。版式设计看似复杂，但事实上设计师并不需要每一页都从草图开始重新进行规划，在栅格系统的帮助下页面的布局设计将完全是规范的和可重复的。使用栅格系统的设计，不仅非常有条理性，而且看上去也很舒服。但最重要的是，它给整个页面结构定义了一个标准。预先确定一个共同的栅格系统将有助于版面统一成系列的、前后关联但又相对独立的印刷品，如某系列丛书、某产品的系列海报等印刷品的整体形象。

（3）组织版面信息、提升版面美感。

栅格系统最基本的一个功能是组织版面信息。栅格系统使版面的构成要素文字、图片、色彩的编排变得更加精确，为图文的混合编排提供了一个快捷而有效的方式，使版面的编排更加具有规律性，从而提升版面的美感。在版式设计中，没有秩序、没有层次、没有规律会使版面看起来散乱无章，使人阅读时抓不住重点。栅格系统用黄金比来进行分栏以安排文字、图片以及空白的位置、大小，使这些视觉元素之间产生优美的比例关系，使作品呈现出不可言喻的和谐和精致。用现代设计做比较，欧美平面设计往往是以栅格系统为基础，除了其理性、精致、优美外，其个性、创造性都超出中国当前的设计水平，这一事实说明栅格系统除了提高效率，使设计不至于陷入反复安排内容的泥沼外，也给设计师提供了更多创意和表达自我的可能，创造出独特的美感。

7.2　栅格系统的应用

栅格系统起初被很多设计师认为是封闭的，没有发挥空间，其实不然。不管是栅格设计还是自然设计，都没有绝对的优劣之分。栅格有着不同的应用，栅格设计更清晰整洁，当要设计多页面并且信息结构复杂的题材时就需要一套栅格系统来规范、统一。使用骨骼法的构图，通过将画面分割成不同的功能区，复杂的信息之间就会秩序井然，既满足了传达信息的需要，又能够注入设计作品秩序化的视觉效果，由此带来功能性与艺术性的多重满足。在中国的设计中为什么栅格系统没有被十分的重视？其原因有两点：其一，栅格系统传入中国的时间相对较晚；其二，中国人民的民族主义特性和文化背景导致中国不容易接受栅格系统。中国人似乎并不极度追求精准，感性思维居多，而栅格系统最早发源于欧洲，它包含着西方文化中的逻辑和理性。网格构图是一种规范、理性的分割方法，正是由于它的理性，使它能将版面中大量的信息形成一个整体的信息体。

7.2.1　栅格系统在文字编排上的运用

书籍、报纸、杂志等的平面宣传品运用栅格化构图进行编排设计，为了使画面不呆板，往往需要在栅格之中寻求变化，以打破栅格的限制。这样的设计，在理性、规则的基础上又增添了形式的灵活和多变，受到设计师们的普遍欢迎。

书籍的内页、产品说明书等承载信息量大的作品运用栅格的方式编排时，为了使大量信息有条理、页面规范，设计师往往采用分栏的方式进行编排，常见的骨骼有通栏、双栏、三栏、四栏等。在文字较少的情况下，通常采用通栏的形式，通栏式的版面显得饱满而端庄，适合应用于严肃题材的编排设计，通栏式的设计要注意文字的单行长度，应该避免因为太长而给读者带来视觉上的疲劳。不过，通过文图结合、空间对比等手段的调和，通栏式的设计也能获得轻松的视觉效果。根据文章内容的多少，一般文字越多的版式分的栏数就越多，这样可以减轻阅读者的视觉疲劳。双栏式的设计形式是一种比较中庸的处理方式，既有着通栏式的端庄与完整，又有着多栏分割形式的灵活与多变，是一种常用的画面分割形式。分栏的起止位置根据编排设计主题和元素的特点灵活变化，图片和文字一般严格按照栏的边缘放置。而三栏、四栏等形式的多栏设计由于给画面带来多样的分割形式而使画面显得更为丰富。在设计中运用多栏分割是避免读者在海量文字面前疲倦甚至厌倦的常用方法，不过由于多栏形式在画面中会形成数量较多的分割线，因此要注意栏的宽度与画面宽度之间合适的比例关系，避免因分割过多而带来琐碎杂乱的视觉效果。为了追求页面的丰富变化，往往在规矩的分栏骨骼类的编排设计中也能够找到无数的形式变化，可以通过标题、图片的组合变化的形式，打破版式的呆板约束，使版式既给人理性、条理的感受，又不至于感到呆板、无趣。不同的分栏形式能够形成不同的视觉效果，并由此影响到视觉心理，如图 7-5 所示。

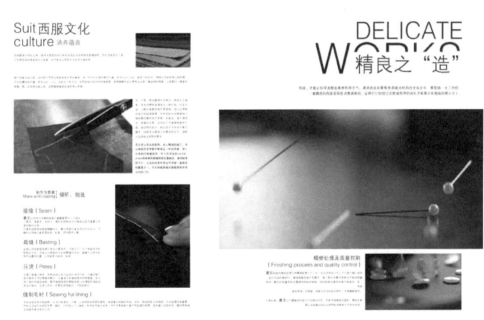

图 7-5 文字版面的栅格运用

7.2.2 图片的栅格化构图

一些宣传品通常在一个页面中包含许多的图片，为了保证在一个宣传品中不同的产品都能够尽可能地得到相同的关注，同时也是为了保证画面的效果完整统一并符合人们的阅读习惯，栅格化构图被设计师广泛应用于这一领域。图 7-6 整个版面设计中，图片的数量明显多于文字的数量，编排中将图片进行了栅格化的构图设计，使整个画面理性并富有条理性。

图 7-6 图片版面的栅格运用

7.2.3 根据主题的要求来确定骨骼的风格

骨骼的数量和位置关系以及版面的利用率，都影响着画面风格的形成。骨骼数量的多少与设计的主题和媒介的特点有着密切的关系。严肃严谨的主题需要规整的版面形式，带有娱乐性的主题需要轻松的视觉环境。媒介阅读方式以及开本的不同也会影响到骨骼数量的确定。在设计之前必须要首先确定通栏的数量，也就是文字在版面中所占的面积。版面率高则文字含量大，同时版面的利用率高，视觉上也会显得比较饱满，但是长段的文字很容易导致读者的视觉疲劳。过去由于经济发展水平不高，制作成本的限制导致了版面的使用率一直处于较高的状态，但是现在随着人们的生活水平的不断提高，视觉的舒适和美感成了受众的关注点，版面率随之下降。在西方，通栏的大小和变化有着较严格的规定，要求以字体的磅数来约定字距的关系和行距的关系。一般情况下，每栏中的字母在五十个左右。中国的汉字由于其形态的特殊性，每栏的字数目前还没有一个明确的规定，这就比较依赖设计师的个人感觉，文字太多会增加读者的视觉疲劳，引起阅读障碍；如果文字太少，又会显得作品信息不够，华而不实。为了保证版面的完整性，体现出作品的整体性，同时也要尊重读者的阅读习惯，保证阅读行为的连续感，在对版面进行栅格构成的同时，要注意根据版面的宽幅来确定栅格的数量，保证画面的整体感。栅格数量过多，画面会显得复杂、混乱；栅格数量过少，画面会显得单调、呆板。这些都是设计师在栅格化设计时应该注意的。

7.3 栅格化构图的原理

7.3.1 栅格化编排的要素

三栏三列的构图是一种普通的版面构成方式。在一个三栏三列的方形版面中，面被划分为九个等大的方形（见图7-7），空间受到约束，视觉注意力集中在其内部构成。

在一个版面中，由六个灰色的矩形要素和一个灰色的圆组成（见图7-8），六个灰色的矩形要素代表字体转换成画面构成要素的矩形。圆在构成中完全是一个活跃有力的因素，即使它非常小，也有巨大的视觉力量，任何圆不管其大小，几乎在所有的构成中都具有这种力量。一个小圆提供一种平衡因素，对版面起对比和调控的作用。

在编排设计中，设计师要学会注意构成要素，方格版面较长方形版面而言，更容易把注意力集中在要素和构成上，而不容易受比例问题的干扰，如果用长方形版面，就会分心于它的比例问题。各个要素之间有一个大小的对比关系，这个关系通过各要素之间的比例表现出来。由于整个版面的宽度为3个划分好的单元方格，所以，要素的长度比为1：2：3。圆和矩形也形成了比例关系，它的直径相当于一个单元方格的1/4，并且它的直径也大致与最长矩形的宽度相同。因为要素之间的比例关系，牵扯到画面中图形和文字面积的大小，以及在画面中的重量感和稳定性。所以，这个比例关系比较适合这种简单的构成结构。

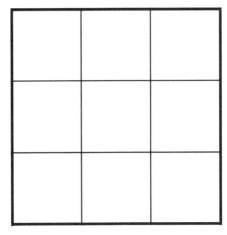

图 7-7 三栏三列 (a)

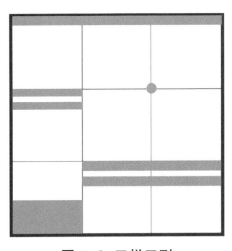

图 7-8 三栏三列

7.3.2 栅格化编排的基本规则

当所有矩形要素均水平状时，必须保证全部要素水平；水平/垂直状时，所有的矩形要素必须或为水平或为垂直；倾斜状时，所有的要素必须同样倾斜或对比性倾斜。所有的矩形要素都必须使用并且不能超出版面；要素间相切，但不能重叠或相交；所有矩形要素的长度要正好吻合一个、两个或三个划分单元方格的宽度，上下位置可以随意；要素圆可以占据任何位置，但不和其他要素重叠或相交（见图7-9、图7-10）。

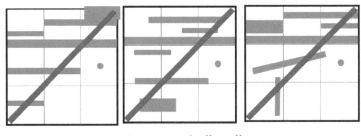

图 7-9　不规范示范

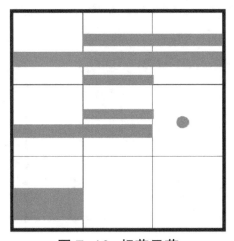

图 7-10　规范示范

7.3.3　组合、虚空间与组合

版面中的各个要素通过组合紧密地联系在一起，相同和不同的要素组合在一起就产生了韵律感和节奏感，也产生大片的肌理感，而未被利用的空间也建立起良好的秩序感。通过组合，复杂的信息被简化，鲜明的视觉秩序感被建立起来，相同宽度的矩形组合在一起，不同宽度的矩形也可以组合在一起，通过组合，构成的要素数量减少了，结构简化了，并且强化了虚空间。

在编排设计中没有被使用的空间也是版面中的一个因素，对观者感知版面产生直接的影响，这些空间我们称之为虚空间。当那些构成要素没有得到很好的组合，每一个要素周围都是虚空间时，那些虚空间就显得杂乱、无序；当那些构成要素组合在一起后，虚空间就会变少、变大，一个简化之后感觉更加协调的整体构成就会建立起来，使版面成为一个协调、有序的构成，通透感强，看起来更加舒适（见图7-11）。

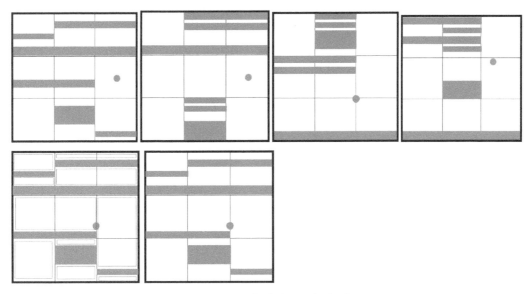

图 7-11 虚空间组合方式

7.3.4 四边联系

版面四边对整个构成有着极其重要的作用。如果没有任何构成元素靠近顶端边线和底端边线，虚空间就会挤压构成要素，整个结构就显得缥缈无根，严重缺乏稳定感。由于没有要素连接顶线和底线，沉重而呆滞的空白空间就充塞了这个构成的顶和底，这种四边联系就显得很弱。相反，当构成要素靠近顶端和低端边线时，由于构成与四边都有接触，所有空间都被激活，版面看起来很舒展，虚空间就能很好地利用，整个构成会因为这种视觉扩张而显得大气。处理好版面的四边联系，对于创造一个好的内部结构非常重要。

7.3.5 轴联系

栅格中的各个构成要素会形成一些轴列，当一根轴出现在结构的内部时，就形成了比较鲜明的视觉关系，要素与要素之间、要素与结构之间就会产生视觉秩序感。左边线和右边线的轴虽然也能带来秩序感，但视觉上就会显得很弱。单独一个构成要素不能创造出一根轴，两个或更多的构成要素才能够建立起轴。一般来说，如果成线性排列的要素越多，那么轴就会显得越牢靠。

弱的轴联系，即在这个构成中，左边的轴联系很弱，轴在左边线上，就使视觉离开了整个版面；强的轴联系，即中间一栏上的这两根轴在视觉上就感觉强健有力，因为有更多的构成要素线性排列在这两根轴上（见图 7-12）。

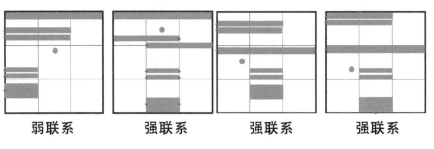

| 弱联系 | 强联系 | 强联系 | 强联系 |

图 7-12 轴联系示范

7.3.6 三的法则

3×3 的网格系统符合三的法则，也就是说当一个矩形或正方形，被水平和垂直地分成三份后，结构中的四个交点就是最吸引人的四个点。了解三的法则可以让设计师把注意力放在它们最为自然出现的地方，从而控制构成空间。不宜将构成要素直接放于交点上，因为过于靠近会使注意力集中到它们上面。

7.3.7 圆与构成

圆在构成中是作为一个活跃因素存在的，它可以放置在任意位置。虽然它非常小，但也具有极大的视觉力量。在同一版面的构成中，圆放置在不同位置，能够改变一种构成的观赏方式，圆的位置变化带给观者不同的视觉感受。当圆靠近文字时，导致对文字的强调，它就会使人注意到这行字，并对字产生装饰的作用。当圆放置在字的中间时，就将文字隔开，同时对文字起到组织的作用。如果让圆远离文字，那版面中圆就会吸引观者的目光，并能够控制观者的视觉流程，起到了构成趋向平衡的作用。圆在构成中除了与各个构成要素起对比作用外，还有一些潜在的功能：把圆放在一个常被空白空间包围的位置上，它可以是轴的支点；当圆被紧紧围在文字和边缘之间时，就会同时产生视觉张力和对这行文字的强调，可以是起点或者是停留点，还可以起到视觉组织或平衡的作用；当圆在狭窄的空白位置中占据了一个位置时，这个空间变得活跃起来，产生一种强烈的不对称感，使版面视觉上更有趣味（见图 7-13）。

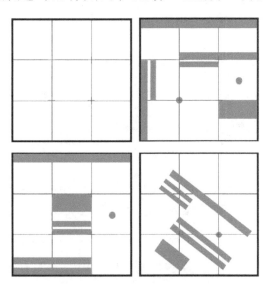

图 7-13 圆在栅格中的应用

7.4 栅格化构图的基本类型

7.4.1 水平构成

在版面设计中，各个要素之间的位置关系决定着画面的层次关系。在栅格构图中，水平构成是最基本、最简单的构图方法。在这样的构图形式中，我们需要运用到组合、虚空间与组合、四边关系、轴关系、圆的位置等编排要素规则。特别要注意的是，最长的矩形要素横跨着版面三个格子的全部，起着控制构成的作用。在设计中常常把最长的矩形放在构成的顶部、底部，或构成的内部，展现版面整体构成中的不同特性。我们将最长的构成要素按照其不同的放置位置来划分出三种处理的方式。

1. 长矩形在顶部

长矩形构成要素放在版面的顶部位置或是很接近的位置时，构成的强调放在了组合、虚空间、四边边线和轴列上（见图 7-14）。

图 7-14　长矩形在顶部

2. 长矩形在底部

长矩形置于底部时（见图 7-15），大大增加了版面中的稳定性，在重力的作用下，最长、面积最大的要素落在底部，给人稳定的感觉。构成强调三的法则、圆的位置、行距。

图 7-15　长矩形在底部

3. 长矩形放于内部

当把构成中最长的长矩形置于内部时（见图7-16），就相当于把这个方形版面切成了两个较小的矩形版面。这两个矩形版面中如果没有放置构成要素，空间就会显得沉闷，使四周的边线因为缺少与要素的呼应，显得孤立。所以在这两个矩形分割中至少要各放一个构成要素，这样才能把各自的虚空间激活。但是，协调的方形版面还是被做了不太协调的矩形分割，效果不如没有分割的好。因此，设计师要考虑所有编排要素的规则，把所有构成特性融合在一起。

图 7-16　长矩形放于内部

7.4.2　水平 / 垂直构成

水平 / 垂直构成中构成要素或横或竖的导向对比，以及虚空间的种种变化导致版面更加活泼。除了需要考虑前面提到的各种构成要素的构成规则之外，文字要替代这些矩形要素，所以观看顺序应该是设计师考虑的重要因素。当文字代替矩形后就存在看文字是从顶部向底部来阅读，还是从底部向顶部来阅读的问题，阅读的次序取决于版式设计和眼睛围绕这个设计的转动方向。当圆作为构成的中心时，它常常变成观看者眼中的支点。

因为重量、面积控制着整个构成，因此，设计时仍然从最长的矩形构成要素开始分析。除前面水平构成中分析的顶部、底部和内部的摆放之外，又增加了左边、右边和内部的垂直。当长矩形要素放置在四边时，构成的稳定性就会加强；当长矩形要素放置在版面的内部时，无论是水平放置还是垂直放置，都会降低版面构成的稳定性，而增加不对称感。同时要注意的是，在设计构成中，还需要与阅读的导向问题联系起来，这是其他特征共同作用的结果。不论是从顶部到底部还是从底部到顶部，都需要和其他的要素相一致，这是由文字阅读导向所决定的。当垂直的字行从底部向顶部阅读时，这就产生了一种舒适的顺时针的阅读导向。当垂直的字行引导着目光脱离页面时，阅读的顺序感消失，目光需转回才能获取剩余的信息。

1. 长矩形置于顶部

在长矩形置于构成顶部时，其他构成要素都可以垂直放置（见图 7-17 ）。两个中等大小的矩形成为构成中第二大构成要素，需要将它们的位置加以考虑。两个中等矩形，一个水平放置，一个垂直放置，这是一种导向冲突的摆放，虚空间变得更加复杂，组合和内部排列就变得非常重要。两个中等矩形都水平放置，这是导向相同的安排，虚空间较小，也较简单。两个中等矩形都垂直放置，目光会从垂直版面的底边滑出，注意力很容易被移开画面。那么，通过安排圆和那些小矩形的位置，改变视觉秩序，可以把观者的注意目光引回版面中。

图 7-17 长矩形置于顶部

2. 长矩形置于底部

长矩形置于底部的基本观点与长矩形置于顶部相似，但值得强调的是，中等矩形两个都垂直放置时，通常把最短宽度的小矩形都放置成同一导向，或是水平或是垂直，这样才能形成一定的秩序感，与中等矩形形成对比关系（见图 7-18 ）。

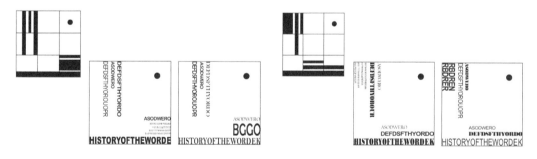

图 7-18 长矩形置于底部

3. 长矩形置于内部

版面的正中间是长矩形最不适合的位置，它把版面平均分割，生硬而呆板。因此，长矩形的位置尽量在版面中非对称的位置，用不对称的安排打破原来的呆板。

两个中等矩形水平或垂直放置，仍然是相同导向的安排，比较容易控制和安排。两个中等矩形分别水平、垂直放置，中等矩形占据版面内部空间时，需要考虑各构成特征的相互作用、层级关系，构成相对复杂；而中等矩形挨着版面右边和底边时，是最简单的构成（见图 7-19）。

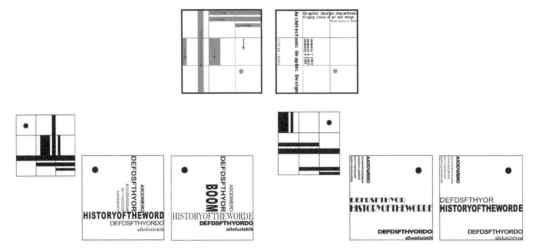

图 7-19　长矩形置于内部

7.4.3　倾斜构成

纵观各种构成，其中最为复杂的便是倾斜构成，动态感十足。在倾斜构成中存在动态感、方向感。由于 3×3 的栅格系统倾斜放置在方形版面中，我们需要将构成要素的尺寸缩小 15%，而且设计优先考虑边线和角的安排。在构成上也会有更多的弹性，不用非得拘泥于固定的结构。最重要的是创造出一种排列，能够使各个构成要素相互之间产生导向上的联系。倾斜构成中，构成要素在版面中既可以安排为导向一致，也可以安排为导向冲突。因为倾斜具有动态的性质，所以当倾斜靠近一条边时，构成中就会给人动态感；而当圆变成一个起点或者终点时，更可以增强这种动态性质。

1. 45° 倾斜

在 45° 倾斜的矩形构成要素是平行于版面的对角线时，产生的虚空间也是一些等腰三角形，这些等腰三角形的边线与版面边线重合，因而被版面固定，形成稳定的画面结构。

构成要素被顺时针或逆时针 45° 倾斜放置，并没有实质的差别，然而换成文字后，如果顺时针方向旋转 45°，是从左上方向右下方阅读，如果逆时针方向旋转 45°，则从左下方向右上方阅读。由于绝大多数阅读导向是从页面的左上角开始，所以顺时针方向旋转后阅读方式是符合人们的阅读习惯的（见图 7-20）。

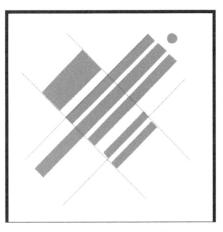

图 7-20　45° 倾斜

2. 30° 或 60° 倾斜

在 30° 或 60° 的构成中，虚空间被划分为直角三角形，不同于 45° 的构成使这些直角三角形动感更强，变化更丰富（见图 7-21）。

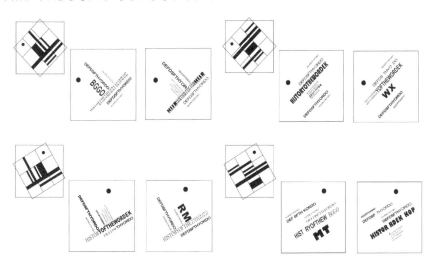

图 7-21　30° 或 60° 倾斜

📝 课后习题

学生网格习题训练：

　　要求在版面中构建适用的网格系统，并以此为依据放置视觉元素。在版面设计的练习中，能够明确地体现网格系统在其中的作用。并在过程中体会和理解网格在版面设计中的使用。如图 7-22、图 7-23 为日历的设计，图 7-24 为海报的设计。

　　尺寸要求：210× 285mm 或 210×210mm。

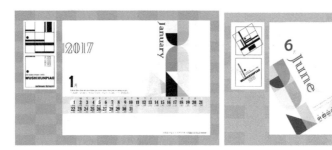

图 7-22 栅格设计训练 日历设计 王思婷

图 7-23 栅格设计训练 日历设计 孔亮瑜

图 7-24 栅格设计训练 海报 郑萧

第8章 版式编排设计的应用

编排设计在平面设计、新媒体设计等视觉传达设计的众多领域中发挥着重要的应用功能。编排设计是平面设计的基础，不管是广告设计、产品的包装设计还是网页设计，都需要进行编排，编排设计在这些领域扮演着极其重要的角色。在不同的应用领域，编排设计既要遵循共性，又要追求个性，既有普遍的原则需要遵循，也会因为设计主题的不同而寻求差异性。了解不同实物编排设计的特点，在编排设计中灵活地运用文字、图片、色彩等元素，使画面达到理想效果。

8.1 报纸的版式编排设计

在数字信息席卷而来的今天，报纸出版商已经意识到：竞争力的提高，依赖的不仅仅是内容，报纸的形象也已经成为吸引读者购买的重要因素。快节奏的生活引导了视觉时代的来临，读者接受信息则越来越多地依赖图形化的语言。

报纸作为平面视觉媒体，是通过印刷在纸张上的文字、图片、色彩以及版式等符号向受众传递信息的一种纸质媒体。版式就是报纸版面构成的组织结构。每一张报纸的版面都是由文字、图片、色彩、字体、栏、行、线、报头、报花、报眉以及空白等要素构成。报纸的诸多要素，要靠编排设计的造型活动来完成。不同的报纸其提供给受众信息的侧重点不同，不同的编排设计和色彩运用体现不同的编辑思路，有助于形成不同的报纸风格。

8.1.1 阅读为最高原则

报纸的版式编排设计以便于阅读为最高原则，应做到简单和一目了然。报纸的主旨就是满足读者的需求，因此其版式编排设计的一切努力都应该适应读者的阅读习惯，为读者服务是第一原则。

在报刊正文的排版方面，应以版面整齐简洁、方便阅读为原则。日本报纸正文过去每行15个字，后来每行13个字，现在11个字。为什么越来越短呢？生理学家的研究表明：人的眼球总是处在不停跳动的状态，眼球只有停下时才能看到字，跳动时看不到字；每次眼球停顿时最多读6个字。所以，人们在阅读一行较短的文字时会感到轻松愉悦，而阅读一行较长的文字就容易感到疲劳，阅读速度逐渐下降，并经常会有看错行的时候。

在正文进行排版时应该格外注意字间距和行间距的调整。在读一句话或一串字的时候，理应使读者明显感觉到字与字之间流畅贯通，气息延绵，让阅读变得更为轻松和愉快。如果一行字数太多，就会使这种效果降低。因此，报纸正文无论是什么字体，一行的最佳数字应在 25 个字左右，最好不超过 20 个字。一行 15 个字左右的分栏式可能更适合"粗体短文多板块"的版式。现在大多数报纸标题较重，副标题也常以较重的色彩线条衬托，这无疑对正文的挤压，很难使读者将视线平稳地停留在正文上，如果缩短行长，减轻读者看正文的压力，将会使报纸正文的排版更加完美。

8.1.2 新闻图片的运用

在报纸的版面编排设计中，应大胆运用新闻图片，而版面编排设计好的报纸几乎都是因为图片运用得好。新闻图片作为传媒的眼睛，对报纸版面起到不可或缺的活化作用，对于新闻价值大的图片，更应千方百计地发挥其特有的优势。图片能够更为确切地表述出主题，使平淡的画面变得丰富而明确，形成很强的创造性画面的指示效果。图形可以非常形象地呈现出文字的内涵，既引导阅读，又能帮助读者深入理解内涵，图片篇幅大小、位置、图片与图片之间的联系都要经过深思熟虑。设计师想要运用图片的编排达到良好的情感传达和视觉效果的话，就需要合理安排图片的位置、大小，依照主次分明的格局原则，尽可能将吸引读者的图片放大，其他图案缩小。图片能满足读者对报纸信息形象化的要求，实现了现代报纸的图文并茂，用五彩缤纷的版面承载精彩纷呈的信息的目的。图 8-1 运用两张具象的人物大图，有着一定亲和力，高清的图片直观反映出场景和文字内涵，一目了然更容易理解。把图片和文字有力地结合起来，突出版面的视觉中心，主次分明，有着鲜明的视觉次序。

图 8-1　报纸　活化版面的新闻图片

8.1.3 形式服务与内容

报纸的版面设计要在服从表现内容的前提下，力求和谐匀称，实现形式与内容的统一。 在形式与内容的关系中，内容应当始终占主导地位并起决定作用，不能也不应随心所欲，因为有些规律是必须遵循的。因此在设计的过程中，要实现版面的匀称和谐，力求避免长文、短文过分集中，要做到上下呼应、左右呼应、对角呼应，使版面生动而有序。报纸的版面创意好，不仅便于读者阅读新闻，了解排版的思想，而且通过优美的版面形式和特定的版面气氛，能激发读者的阅读兴趣，并使之得到美的享受。版面的艺术性反过来又有利于报纸的思想引导，使报纸的思想引导作用通过其艺术性更好地表现出来，使读者受到教育、鼓舞和激励。图 8-2 将文字进行图案化、具象化的设计，在文字内涵的基础上，结合文字造型创造文字化的图形，运用了不同的字体，特别是标题字体运用灵活，大胆采用一些漫画式图案、不规则图形、底纹、色块，使得版面更加新颖抢眼。运用图形线条对画面进行分割，版式内容丰富清晰而富有灵动感。

图 8-2 报纸 报纸版面的艺术性

8.2　杂志的版式编排设计

杂志出现于 19 世纪中期，经过 100 多年的发展，杂志并没有在日渐繁华的数码信息化浪潮之中被淹没，反而在一次次的演变中日益壮大，其在信息媒介中始终占有不可小觑的地位。杂志的设计与书籍的设计不同，其版面编排具有更大的设计空间。

8.2.1　杂志的外包装形象

1. 杂志的封面

杂志陈列架上的各种杂志封面争奇斗艳、琳琅满目。各种杂志的出版商、发行商和设计师不约而同地把焦点落在了杂志的封面设计上，为了让杂志能从中脱颖而出不遗余力。随着读者的眼光越来越高，赢得他们的注意力已经是越来越难了。现今杂志封面就像商品的包装一样已成为市场竞争、促销的招牌和杂志的品牌标志。

杂志封面不仅是纯图形化的商标，而且必须具有品牌的可读性、识别性、象征性。因此杂志可以根据自身的定位及其相应的读者群，来设计自身的品牌字体，如经济新闻类杂志的刊名字体多简洁、粗犷，娱乐时尚类杂志的刊名字体多时尚、潇洒。同时，设计师更应注意把握品牌字体与封面中的其他信息，如刊号、发行日期、内容标题等形成相对固定的组合编排。这种编排应具有一定的形式感、识别性，它往往通过文字的大小、疏密的对比或不同的对齐、穿插等形式来完成，从而将多种信息元素有机地统一为一体。图 8-3 是《V》杂志的版面设计，《V》杂志是娱乐时尚类杂志，其封面固定版式是一个巨大的"V"字，设计上也常利用这个 V 字来发挥创意，将图片与字母巧妙结合，并将图片进行综合处理，使封面设计出现了许多新的表现形式，画面变得更加细腻、丰富，层次感更强。图 8-4 是杂志《名利场》的封面，画面利用文字与人物图片完美结合构成的，图中用小罗伯特·唐尼的图片与几何圆形组合形成窗口对话场景之感，用边上文字诉说出主题思想，文字成为图片和外部空间联系的纽带。文字大小可根据阅读重要性的不同进行调整，使画面层次感更分明。

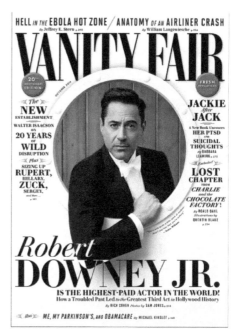

图 8-3　娱乐时尚类杂志封面　　　　　　图 8-4　生活类杂志封面

2. 杂志的书脊

杂志的书脊往往是多数人容易忽视的地方，但由于杂志多数会被收藏，最终陈列于书架上，此时书脊就成了视觉主题和读者检索的对象。因此，对其设计的重视程度也能体现出设计师的职业素养。对于较厚的杂志来说，书脊会给设计师提供更大的表现空间。图 8-5 是文字与图形相结合的书脊设计，图形具有快捷、传播性广的视觉魅力，书脊的空间有限，图形运用难度相对较大，一般会运用一些点、线、面基本的视觉元素，利用构成的手法按照美的视觉效果进行编排组合的书脊设计。通过书脊上的图形视觉符号就能与读者产生共鸣。图 8-6 是纯文字的书脊设计，因为书脊一般是长方形区域，字体有两种情况的放置——与书脊平行或垂直，且一般竖着居多，最常见的就是置于书脊中间，边缘留出空隙，这样设计保守安全却略显单调，图中书脊设计采用主次字体，令书脊层次分明，主题突出，刊名明朗，字体既变化又统一。

图 8-5　图文结合的书脊设计

图 8-6　文本为主的书脊设计

3. 杂志的开本

通常的杂志是以大 16 开的开本规格为主，这种规格有其优势，因为对出版商来说，常规尺寸不会产生额外的印刷成本，对设计师来说也不会增加更多的工作量。但是从市场上来看，不同规格大小的杂志并不是越来越少，反而是日益增多，这是因为非常规的杂志在外表上能给人独树一帜的视觉冲击力与风格印象。

8.2.2 杂志的内页设计

当你开着汽车在陌生的城市里行驶时，唯一能给你指引方向的是路边的路牌，杂志的阅读也是如此。相比较按页阅读的方式，更多的人选择的是跳跃式翻阅的方式。这就需要杂志有一个合理的导读系统以方便读者阅读。

1. 杂志的目录

优秀的杂志目录不仅能让读者迅速翻阅到感兴趣的页面，而且能像电影预告片或影片名字前的序幕一样，引起读者的阅读兴趣。现代杂志的目录已经不仅仅局限于内部章节的标题排列和页码的简单标注，其内容上的信息日趋详细，常常会包含部分内容的节选、作者简介等。信息量的增加要求杂志目录的编排更加多变，其中字体的更换和颜色的调整是最有效的编排手段，能使目录传达的信息更加具有逻辑性和节奏感。杂志目录的版式设计在以前看是不符合设计规律的，但它形成了自己特有的风格，得到读者的认同。图 8-7 为目录设计，超出边框的剪裁，产生了视觉延伸感。简洁的排版方式让读者在短时间内对杂志内容一目了然，提高了阅读效率。此外，适当的留白使人在阅读时感到愉悦、轻松。在文字的处理上分别采用了放大标题和放大页码两种方式增加视觉感，用不同字体和颜色来表现信息等级，使得在满足阅读需要的同时产生了独特的、音乐般的韵律感。

图 8-7 目录设计

2. 杂志的页码

页码是建立导读系统的要素，读者往往会忽视页码的存在，但它却是不可或缺的。作为设计师，注重作品的每一个细节是必须具备的职业素养。页码通常会和板块的标题进行组合设计，好的页码设计不仅可以满足读者的使用需求，而且可以成为页面的装饰。图 8-8、图 8-9 将页码图案或图形化，设计者配合整体的风格将页码图案化处理，并添加了使整体内涵丰富的图案衬底，既美观又能让读者在阅读中体会到趣味和幽默，让阅读这个过程变得更加轻松愉快。前者采用的是传统的阿拉伯数字，后者采用了中国传统大写数字来表现相应的页码，与整个版式风格和谐一致，展现出浓浓的中国风。

  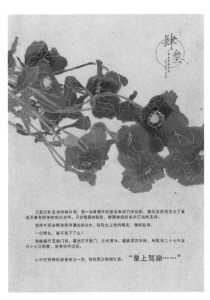

图 8-8　书籍　页码设计　吕韬　　　　　　图 8-9　书籍　页码设计　王雨潇

3. 内页的文字编排

杂志中的文字不只是提供给读者阅读的信息，设计师通过对内页标题、副标题、内文等文字信息进行字体、字号、间距、色彩、装饰等的设计，可以形成杂志视觉的逻辑关系，以方便读者阅读，并成为杂志视觉风格的构成要素。对杂志整体而言，杂志内页的文字编排要求统一中求变化，板块划分明晰，不同板块的页面效果应有差异。图 8-10 是以图像为主的杂志编排方式，杂志是以图像为主的视觉刊物，因此图像是杂志不可或缺的设计元素，图像不仅仅能美化版面，更具有帮助甚至代替文字传达主题和主要信息的功能，有时图像所表达的内容文字很难达到。图中采取满版的设计方式，生动而富有视觉张力地表达出主题。图 8-11 以文字为主，在设计栅格时，一般采用通栏或双栏的形式，不用过多的字体保证画面的整体性，字体选择与主体风格相符。在留白上更是加以设计，形成虚实，"计白当黑"好似不留痕迹却又沁人心脾留在心间。

图 8-10 杂志内页 以图为主

图 8-11 杂志内页 以字为主

8.3 招贴的版式编排设计

招贴广告就是通常所说的"广而告之"之类的广告，在平面设计艺术领域中，它的影响面最广、学术性最强、历史最为悠久。广告在国外又被称为"瞬间"的街头艺术，因此要使"瞬间"的艺术发挥最大的优势。在进行招贴广告的设计时，通常要考虑招贴版面设计的设计目的和它的适用环境，因为招贴广告是直接传播信息的载体，无论是设计目的还是适用环境，都要求其版面的设计具有视觉创意性。视觉创意性则充分体现了图形创意的魅力。招贴设计要求版面简洁、信息突出、色彩相对简单，并以客观直白的编排方式来吸引人们的注意。招贴设计要求观看者能够从较远的距离获得信息，在不经意间打动读者，因此，这也就要求在招贴设计中应多使用夸张、对比、幽默、特写等表现手法。

由于招贴往往是置于公共场所，面对的又是匆匆而过的人流，为了达到将人们的目光在转瞬之间吸引过来并且驻足观看的目的，对它的设计也就会有一些特殊的要求。

8.3.1 大胆而新奇的构思

大胆而新奇的构思是触动观众的情绪、调动人们的思绪并使其理解和记忆的关键。图 8-12 利用空间透视让画面富有层次感，画面采用插画风格，构图均衡饱满大气，黑白块面配置构成一种互动的平衡。图中文字与绘画融为一体，与画面的血滴、汗水的形状相配合，制造出主题氛围，体现出丝绸之路主题意念。图 8-13 招贴采用中心构图法突出主题，利用中国特色花纹和色彩将丝绸表现为莫比乌斯环，巧妙地表现出古代和现代、经济和文化奇特的交织以及丝绸之路的美好前景。

图 8-12　招贴　丝绸之路　张若丝　　　　图 8-13　招贴　丝绸之路　刘琼

8.3.2　单纯而又突出的形式感

　　招贴是"瞬间"的视觉艺术，单纯的形式感更易于让人们在短暂的时间内了解一定的信息。但是，单纯并不是单调，单纯既可以是单一元素的突出表现，又可以是诸多元素统一、协调和完整的表现。它是一种强烈的单纯，一种夺目的单纯。图8-14运用牙齿构建了一个相关联的图形创意，喜欢吃甜点和冰淇淋这些甜食，那么你的牙齿将会遭受到难以想象的破坏，警示人们要爱护牙齿。合理地运用幽默感和想象力将单一的牙齿物象的毁坏置换成一个丰富有趣的场景，画面和谐而唯美，且不需要多余点缀或阐述，彰显出招贴的新颖。

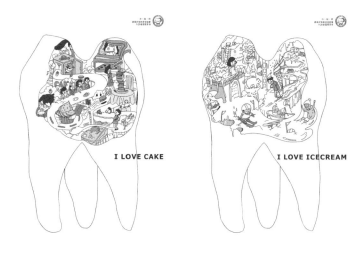

图 8-14　爱牙日招贴　蛋糕　王安男

8.3.3 独特而具有个性的表现方式

就招贴的整体而言，它包括了商业和非商业方面的种种广告。每张招贴的针对性都很强。商业中的商品招贴以具有艺术表现力的摄影、造型写实的绘画和漫画形式表现较多，给消费者留下真实感人的画面和富有幽默情趣的感受。而非商业性的招贴，内容广泛、形式多样，艺术表现力丰富。文化艺术类的招贴画，根据广告主题可充分发挥想象力，尽情施展艺术手段。许多追求形式美的画家都积极投身到招贴画的设计中，并且在设计中用自己的绘画语言，设计出风格各异、形式多样的招贴画。不少现代派画家的作品就是以招贴画的形式出现的，美术史上也曾留下了诸多精彩的轶事和生动的画作。招贴设计充分发挥想象力，以其新颖的构思、短而生动的标题和广告语，具有个性的表现形式，强调其艺术性。图 8-15 通过对月份牌的版式设计进行借鉴，并与手绘相结合，形成整幅招贴特有的风格表现。月份牌运用的是套色版画艺术表现手法，所以图中招贴采用版画色块方式对物体进行上色，突出表现了百雀羚栀子花露水沁人心脾的画面。图 8-16 采用手绘方式，生动鲜明地表现出主题，增添了趣味性。其像漫画一样有着叙事性，且有一定的隐喻性。古人云："书不尽其言，言不尽其意。"突出重点而又富有视觉冲击力，抽象的图形给人以率性、纯真的印象，且造型简练有力。整张招贴的色彩选取了对比色的手法，弱化事物原本色彩，强烈地反映出作者的心理活动，让画面富有张力。

图 8-15 招贴 矢量绘图

图 8-16 招贴 手绘招贴画

8.4 宣传册的版式编排设计

宣传册一般有企业产品的广告册、行政机关的介绍册、企业的宣传册、交通旅游指南册等，形式多种多样。宣传册具有宣传推广的作用，所以其版面设计具备以下特征：

8.4.1 宣传的内容准确真实

宣传册的版面设计与招贴广告的版面设计同属视觉形象的设计，它们都是通过形象的表现技巧，在广告作品中塑造出真实感人、栩栩如生的产品艺术形象来吸引消费者，使他们接受广告宣传的主题，以达到准确介绍商品、促进销售的目的。与此同时宣传册还可以附带广告中的产品实样，如纺织面料、特种纸张、装饰材料、洗涤用品等，使其具有更直观的宣传效果。图8-17采用商品外观图片表现产品特点，具体的图片在人们的心目中有一种亲近有趣和感人的魅力，它是人们乐意接受和喜爱的一种视觉语言形式，很容易从心理上取得人们的信任。具象图形能通过表现客观对象的具体形态来突出主题，同时也能表达出产品的意境。它那富有美感的写实形象在一定程度上满足了人们的审美需求，从视觉上激发起人们对产品的兴趣和需求欲望。图8-18采用商品的外观图形与抽象图形有机结合，互为渗透，极大地拓展了画面的表现空间，与主形象要表达的主题相符，表现出商品的功效。图形的形象应以情感人、以理服人，做到情与理的高度统一，情理交融的形象有助于人们感情因素的积极参与。形象的情感色彩越浓重，则越能激发起人们的兴趣并使之产生购买的欲望。

图 8-17 宣传 展示商品外观

8-18 宣传 展示商品功效

8.4.2 介绍细致详尽

宣传册可以保证广告有长时间的诉求效果，使消费者对广告有仔细欣赏的余地，因此宣传册应仔细详尽地介绍和说明产品的性能特点和使用方法。图 8-19 在展现商品外观的同时，对产品功效进行鲜明的介绍，让消费者产生消费欲望之后能够更深层地了解产品。文字的编排美观和谐、风格统一，视觉顺序合理并提高了阅读速度。图片选择了时代性的字体，保证风格统一，不会因字体形式让画面凌乱而失去应有的品位，从整体出发，不拘泥于局部的美观。

8.4.3 印刷精美别致

宣传册要充分利用现代先进的印刷技术所印制的形象逼真、色彩鲜明的产品和劳务形象来吸引消费者。同时通过描写生动、表述清楚的广告文案，宣传册会以图文并茂的视觉优势，有效地传递广告信息，来说服消费者，使其对产品和劳务留下深刻的印象。色彩相对于图形、文字来说，更能引起人的注意和兴趣，也更能刺激人的感官，使人产生联想和通感。色彩的色相、明度、纯度以及冷暖关系，都能直接影响到人的心理和印象。图 8-20 中红、橙、黄等暖色表达新鲜水果诱人的色彩，展现出饮品的行业特点，纯度较高，激起人们想要去品尝的欲望。图 8-21 选择了骑行比赛的摄影图片，除了能真实地反映产品形象外，还具有美感和意境，在光影、色彩、构图、背景等方面都最大限度地展现出产品本身。图 8-22 中的宣传册是以文字解说为主，加以图片的结合，是一种极具代表性的宣传样本，文字作为主要形象要素，可读是必备的。所以图中选取了简洁明了的字体，容易阅读，内容凝练易识别，重点突出。用文字大小、颜色的不同，形成阅读次序，增加了画面层次感。

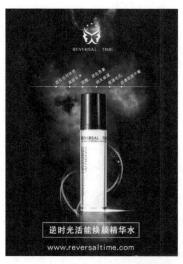

图 8-19 宣传 展示商品特点

图 8-20 宣传册 色彩鲜明产品

图 8-21 宣传册 形象逼真　　　　图 8-22 宣传册 详细的文案描述

8.4.4 散发流传广泛

宣传册可以大量印刷并邮寄到代销商或随商品发到用户手中，或通过产品展销会、交易会分发给到会观众，这样可以使广告产品或劳务信息的流传范围更广。由于宣传册开本较小，因此便于邮寄和携带。同时，有些样本也可以作为技术资料长期保存。

8.5 包装设计中的版式编排设计

随着经济的发展，人们的消费水平不断提高，越来越多的商品在市场上流通，商品的包装越来越受到商家的重视。包装最初强调储藏和保护产品，以及在一定区域空间内的运输功能，人类文明的进步要求企业在注重商品质量的同时也要注重消费者的视觉和心理感受。产品包装在现代社会越来越受到关注，逐渐成为与消费者沟通的桥梁，直接体现着品牌和产品的相关信息，成为参与品牌建设、塑造产品个性的重要媒介。图 8-23、图 8-24 将包装的各个展面都以完整的形态展现给受众。产品属性准确、醒目、易辨认，且考虑到了包装的多立体面体的整体感、连续感。字体运用和谐，根据行业特点将科学性与艺术性有机结合，兼顾到人们的阅读习惯、审美习惯，使消费者在感受到产品特点的同时能够轻松地接受商品包装所要传达的文字信息。

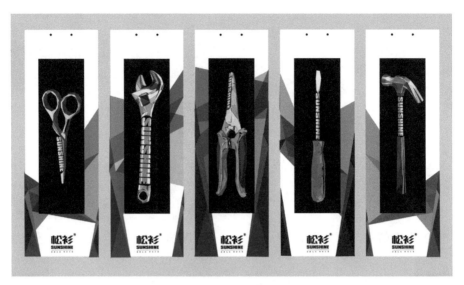

图 8-23 包装 五金 李炳昕

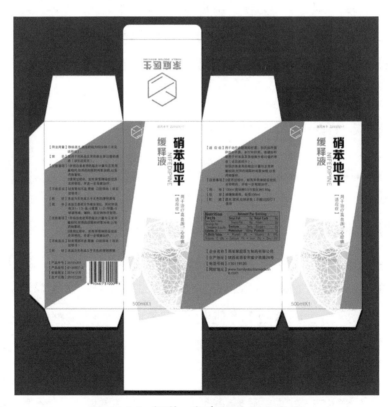

图 8-24 包装 家庭医生 王安男

　　包装上的版式除了可以起到吸引消费者眼球的作用外，别具一格的版式还能与其他的产品相区分。优秀的包装设计是企业创造利润的重要手段之一，美观实用、符合消费者心理的产品包装能在很大程度上帮助企业在众多竞争品牌中脱颖而出。商品包装的版式设计在整体表现上必须与其所包装的内容相吻合，不同行业的商品其视觉特征是完全不一样的。在实际的操作过程中，要准确清楚地传达产品的内容，获得设计者、生产者和消费者三方的认同。

包装编排设计中出现的要素通常是：商品名称、商品的注册商标、商品的照片、使用说明及成分说明、注意事项、条形码等。

（1）商品名称是包装版面上要传达给消费者的首要信息，在编排设计时要着重考虑、重点突出。

（2）注册商标在包装设计中也是必不可少的，它代表着该商品厂家的企业形象，商标在包装上的应用尽管面积不大，却十分引人注目，有画龙点睛的作用。

（3）采用商品的照片目的在于突出商品的个性，使商品的形貌通过视觉化直接传递给消费者，使消费者产生真实的视觉感受，引起消费者的心理共鸣。除了商品照片之外，编排中还常常采用插图的形式来美化商品，插图可以是具象图形，也可以是抽象图形，其目的是提高包装的艺术感染力。

（4）使用说明及成分说明是包装上经常出现的内容，但不是最重要的内容，通常安排在不是很醒目的位置，消费者如果不被商品品牌所吸引，就不会去阅读它。但是使用说明及成分说明并不是可有可无、无关紧要的东西，它很可能成为提高商品包装的格调和品位的关键所在。

8.5.1 文字

文字在包装设计中起着传达商品详细信息的作用，是包装设计中的重要内容。在包装的有限空间内，文字的编排设计要求分布不宜过多，要有层次感，要能够突出主要信息，弱化次要信息。整体的感觉要错落有致，疏密得当，使文字的呈现形式具有艺术的客观性，在美观的同时注重阅读的流畅性和识别的容易性。在字体的选择上，要根据商品的性质选择相应的字体，儿童类商品一般选用卡通活泼的字体，化妆品类选择清秀雅致的字体，科技类产品选用硬朗的字体等。图 8-25 采用了具有糖果产品特性的活泼的字体，不仅注意了字与字之间的关系，而且注意了行与行、组与组的关系。包装上的文字编排是在不同方向、位置，不同大小的面上进行整体考虑的。图 8-26 尊重传统文化，运用藏文独特的造型结构和笔画特征，透彻地传递了产品的原生态信息。这样的设计不仅有利于建立起消费者的直观感受，还有利于企业形象的树立和品牌的打造。

图 8-25 糖果包装 活泼的字体 刘琼

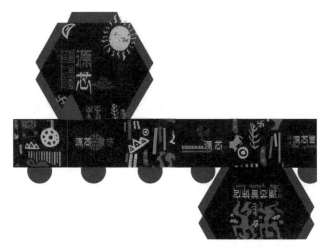

图 8-26 包装 民族首饰 梁晓丹

8.5.2 图形图像

图形图像给消费者以直接的视觉冲击力，是商品具体形象的体现。在图形图像的处理上，可以是摄影作品的直接展示，也可以是局部特写放大，或者是一些有艺术性的图形创作等。图形图像与文字及色彩一起构成完整的视觉效果，使消费者产生积极的心理评价和联想，从而选择购买产品。在进行图形图像编排时，应注意图形图像与文字的配合关系，图形在画面中不能太满，要表现出画面的层次感。同时也应注意图形图像与色彩的关系，使画面主次明确，让消费者一目了然，更为准确地传达商品信息。图 8-27、图 8-28 利用图形要素在视觉传达方面的直观性、丰富性和生动性，将商品的内容和信息准确地传达给消费者，并凭借图形在视觉上的吸引力引起消费者的心理反应，进而引导购买行为。图形和文字各自所占比重处理得当，没有直接运用产品图像，而是运用象征的表现手法，突出商品的性格和功效，增添了包装的形象特征和趣味性，抓住了商品典型特征，准确传达商品信息，视觉形象鲜明而独特。

图 8-27 化妆品包装 图文结合 王雨潇

图 8-28 CD 包装 画面层次 邓雨柔

8.5.3 色彩

在包装设计中色彩是最具视觉冲击力的元素，色彩可以瞬间抓住消费者的眼球，使消费者在琳琅满目的商品中挑选出个性的商品。不同的色彩产生不同的视觉效果，会给人不同的心理感受，从而和消费者产生情感的共鸣，增加购买的欲望。如沐浴产品的包装多以蓝色、绿色等冷色调为主，使人感觉清凉舒适、洁净清新，儿童用品的包装用色比较多样化，但都是纯度高的颜色，这与儿童对色彩的感知程度有关。很多系列产品采用相同色系的色彩，也有的为了区分其不同的功能，选用有代表性的色彩来进行区分，这也很好地达到了系列产品的宣传目的。

包装与其他的平面作品的一大区别是它多以三维的形态存在，设计师必须要处理好面与面之间的关系。通过建立各个视觉元素之间独立而有联系的立体秩序，编排将具有立体的特性，将包装塑造成为一个完整的立体形态，以符合包装对信息层次的要求。图 8-29 日本清酒的包装设计中，利用暖色调营造出清新淡雅的风格，配上发黄的纸纹，加之醋畅的文字、意境的图案，显得十分简洁、高雅，体现出了产品特点。图 8-30 宠物粮食包装设计中，用鲜艳活泼的对比色调，体现出可爱与活泼，达到色彩与所要表达主题的内在统一，让色彩给予消费者心理象征性和暗示性。图 8-31 茶包装设计中，棕色、深蓝、深红搭配的设计整体效果稳重、朴实。浅色的运用减弱了本身给人平淡无聊的消极反应，它营造的是一种成熟稳重的感受，用近似平淡无奇的色彩传达丰富的内涵，表现平淡是生活真谛，营造出舒适的宁静感，有利于人们精神的放松和修养。

图 8-29 日本清酒包装 暖色系 曹文娟

图 8-30 宠物粮食包装 暖色系
孙相毓

图 8-31 茶包装 暖色系 符钰翔

8.6 书籍设计中的版式编排设计

　　书籍在传播知识和经验、记载人类文明发展中起了至关重要的作用，伴随着书籍的产生，一些简单的编排也随之产生，编排设计一词最早是指在特定条件下的版面操作方式，来自书籍印刷中的铅字的排列组合。书籍的编排设计主要是通过对文字的排列，字号、字体的选用，以及图片图形的编排和段落块面等要素进行统一设计。书籍的编排设计目的是使版面的内容章节分明、层次清晰、阅读流畅。伴随着书籍装帧发展到针对书籍整体形态的全面设计，书籍的编排设计也走过了一个漫长的发展过程，从单纯的技术状态被赋予了更多的设计内涵。书籍特殊的功能要求编排设计具有一定的特殊性，需要通过编排设计调动一切可以利用的视觉元素塑造与某主题相联系的特殊气氛，更强调对"书卷气"和"意境"的表达。

8.6.1 书籍的构成

书籍由封面、封底、书脊、扉页、内页、腰封、环衬、护封、函套等构成，并不是所有的书籍都具有以上的部分，有的只包含其中几部分，这与书的内容以及印刷成本相关联。书籍的装订形式分为平装书籍和精装书籍，根据装订形式的不同，书籍的构成内容也不同，如图 8-32 所示。

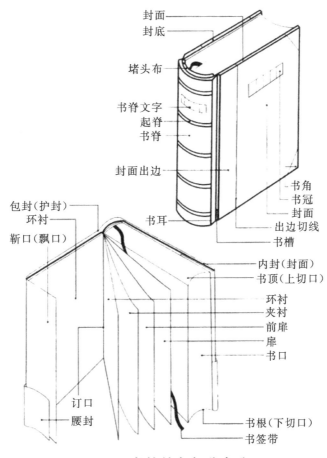

8-32 书籍的各部分名称

8.6.2 书籍的编排的设计原则

1. 注重书籍的整体性

一本书的书籍装帧设计首先要具有整体性。设计师在塑造书籍整体造型时应该尊重它们之间的整体造型关系，避免因为各造型元素的各自为政而影响了书籍整体形态的统一。要注重内容与形式的统一，设计师应该根据不同的设计主题塑造不同的书籍形式，通过不同的设计风格表现出不同的书籍主题，书籍设计应该体现出不同的书籍主题对应的不同内容，如儿童读物一般表现为色彩鲜明，轻松活泼；教育类书籍通常显得干净严肃等。图8-33是学前儿童绘画书，运用了接近纯色的色彩刺激儿童的视觉神经，孩子都喜欢纯色的物品，这与他们清澈纯净的内心有一定联系。绘画书版式结构张弛有度，有松有紧，形成一定的阅读韵律，既能调整阅读产生的乏味又会有十分轻松愉悦的阅读体验。图8-34文学书籍设计意境悠远，"计白当黑"，黑白灰相互呼应，立体感、层次感、跳跃感、灵动感跃然纸上，画面充满无穷魅力，虚实结合，从而产生和谐统一的意蕴。

图 8-33　儿童书籍　色彩鲜明

图 8-34　文学书籍　干净严肃

　　材料构成了书籍整体造型的基础，促进了读者对书籍形态认知的形成。在适当的时候选择适当的工艺，不仅能够促成版面整体视觉形象的创新，有时还可成为书籍整体形态的点睛之笔。在设计时，设计师既要考虑到主题与材料、工艺的诉求统一，又要正确处理材料和工艺的和谐。

　　2. 注重版面的连续性

　　单个元素或许不会形成强烈的视觉效果，但要素风格的连贯性会产生视觉风格的连续性，在阅读的同时可以使读者对整本书的风格样式产生深刻印象，诱导读者以连续的视觉流动性进入阅读状态。

　　书籍的整体性要求书籍各部分之间要紧密联系，但这并不意味着书籍各部分在重要性方面是相同的。设计师必须要根据书籍内容的重要程度来灵活有序地处理相关版面，通过对文字、图像、色彩等的归纳与概括，进行有序的排列，通过层次变化去体现内容的更迭，使各部分脉络清晰、疏密有度、繁简得当，只有把书籍版面置入一个整体环境中去考虑，注重版面连续生动的表达，才能塑造出优秀的书籍作品（见图8-35、图8-36）。

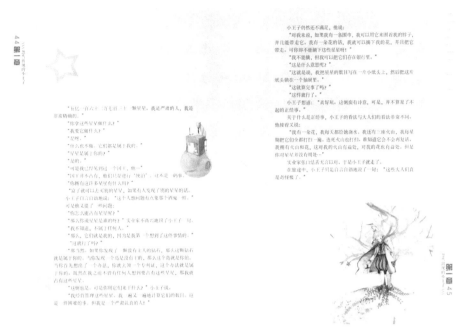

图 8-35 书籍 小王子 刘琼

图 8-36 书籍 断掌事件 王安男

8.6.3 书籍封面的编排设计

　　书籍的封面是读者最先了解书籍的渠道，封面设计的好坏直接影响到书籍整体的设计效果。好的封面设计能够吸引读者眼球，使书籍在琳琅满目的各类书籍中脱颖而出。书籍封面的设计重点是要使书籍的主题突出，围绕书籍的中心思想进行插图创作、文字创意和构图布局。一本书的封面首先要突出的是书名，其次才是相应的其他辅助元素等。在突出书名的同时，主体画面设计应该有相应的主基调，可以通过对色彩的明度、纯度的处理或运用风格相似的图形、图像来体现。图 8-37、图 8-38 中的设计者把握了书的主题和精神，封面设计在取材立意上高度概括，凝练传神令人玩味不已。封面的形式、格调及美学品位也潜移默化地影响和感染着读者，前者朦胧的意境展现尽头与冷酷的仙境和后者惊悚画面的营造都对读者有着一定的心理暗示，对书中内容有一定的了解。

图 8-37　书籍封面　世界尽头　吕韬　　　　图 8-38　书籍封面　断掌事件　王安男

　　封面设计时还应注意要与书籍的书脊、封底保持视觉的连贯性和完整性，这样可以使整体的表现力更强。书脊的设计应以清晰易识别为原则，而封底的设计则应尽量简化，起到辅助的作用。书籍设计艺术的整体设计中，封底设计不是可有可无，而是非常重要的一环。图 8-39 中设计师特别注意封底内容与封面内容的互相呼应，封底设计既要能简单地引用主要封面的图案要素，又因为减弱了视觉的冲击力，所以并不干扰封面的设计内容。书籍的封底具有潜在的美感，它不像封面那样光彩照人，那样尽情地表现自己。封底主要起着衬托的作用，更像戏剧中的配角、歌唱时的伴奏、花朵旁的绿叶、圆月边的繁星，它默默无闻地烘托着封面。因为有了和谐的封底，封面才更放射出耀眼的风采。图 8-40 为书籍的书脊设计，书脊所处空间范围虽然窄小，但是也是一个可以表达情感的可贵空间，也具有自己的审美个性。书脊设计并不是孤立存在的，它是书籍设计整体的一部分。图中采用与封面设计风格一致，与封面相呼应，书脊上标明了名称，且与其他分册书脊各种元素保持严格的一致性，显出丛书书脊的整体美。

图 8-39 书籍封底设计

图 8-40 书籍的书脊设计

8.6.4 书籍的编排设计

书籍内页的设计需要注意版心、版面率、设计骨骼的合理安排，传统的版面形式内容多以纯文字为主，每一面的文字部分四边都有一定的限度，具体的内容必须约束在特定的版心之内，并按照相同的模式进行正文的排列。在排列的同时应遵循相应的字号、字距、行距等阅读的习惯。随着人们生活水平的提高，对阅读流程中视觉舒适性的重视加强，密集的文字容易导致阅读者视觉疲劳，因此，满版式的编排形式随之产生，在编排时适当加大文字间的行距或是通过图形或插图穿插来活跃页面气氛，此时需要注意通过版面中文字与图片的面积比率和组织形式来调节画面的气氛。图 8-41 为纯文字的编排，根据信息的重要程度，按照视觉次序将文字有条理性地组织在一起，达到有效传播信息的目的。图 8-42 为图文结合的编排方式，对文字信息进行信息化解读，将书籍可认性、可视性、可读性三者有机结合，协调各设计元素，有计划、有重点地安排版式中的各种视觉元素，使版式元素组织周密、视觉有序，达到有效传播信息的目的。图 8-43 采用的是中国传统书籍的编排方式，竖排的编排方式洋溢着书卷气和文化味道。用充满韵味的场景营造出充满诗意、情趣的艺术境界，使"美食"超越感性现象并在心灵中升华，使人们在心灵的无限自由中对书籍内容的"美食"有了感悟。图 8-44 中的书籍内页设计选择与书籍内容有关的图形，将个性的东西潜入书籍设计中，使书籍内容与设计师个性浑然一体，将书籍中难以言表的内容深入浅出地视觉化，用图像语言生动地表现出来，贴切表达书籍思想内涵并激发人更多的想象空间。

图 8-41　书籍内页设计　曹雨琪

图 8-42　书籍内页设计　李炳昕

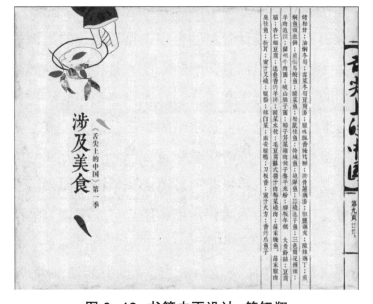

图 8-43　书籍内页设计　符钰翔

图 8-44　书籍内页设计　王雨潇

8.7　网页设计中的版式编排设计

　　网页设计是以网络为载体，把各种信息以最方便快捷的方式传递给受众。现代社会，网络逐渐成为人与人、人与社会交流的平台，随着人们对美的追求不断深入，对美的要求也不断提高，网页设计逐渐受到设计者的重视。网页不仅仅是把各种信息罗列上去，还要考虑到受众如何能更方便、快捷地获取到想要的信息，从而加深受众对网络的印象。因此，设计师应该从审美方面入手，结合受众的需求，设计出有秩序、令人赏心悦目、心情愉悦的作品，使信息传递更加容易，受众更易接受的网页。

8.7.1　网页设计的定位

一个好的网站要具有它独特的风格，不管其内容多么丰富、形式怎样多变，都具有一个统一的基调，对于页面设计来说，风格的统一是至关重要的。具有统一的风格使页面更具独特性，帮助受众更为准确、便捷地找到想要的信息，并带来心情的愉悦。

不同种类的网站在设计时具有不同的风格，如娱乐性质的网站大多以图片为主，色彩鲜明多变，版面的划分更加的丰富多彩，强调变化性，靠多变的对比关系来活跃画面、营造气氛，在整体协调的前提下注重细节的变化，从而吸引受众的注意。企业类的网站要求页面风格简洁明了、结构清晰，具有较强的整体性。在设计时，页面的版块划分不宜过于花哨，层次清晰，文字排列整齐，在颜色上多以企业的标准色和辅助色为主来尽心搭配，具有明显的企业视觉识别性，在传递信息的同时，起到宣传企业形象的作用。图 8-45 为星际奇冰海报型网页设计，网页基本是全屏的海报，用户打开网页界面时，会第一时间看到充满屏幕的海报图片，其传达效果不言而喻，有较强的视觉张力。但这种呈现方式也有一定的弊端性，如因为图片内容量大，对网络环境要求也就越高，以及文字信息就会相对较少。图 8-46 为上下型网格网页设计，一般企业和网络论坛喜爱采用这种模式，在左上放置 logo，中间放置内容的标题，在下面放置链接，最下面进行具体信息的体现，信息简单明了，版式简单大气，显得专业严谨。

图 8-45　娱乐类网页设计

图 8-46　企业类网页设计

8.7.2 构成要素

1. 界面

根据目前电脑科技的发展，电脑所能提供的网页编排界面，仅限于横向的长方形。由于电子产品特性的限制，不可能像书籍、杂志那样随心所欲地改变显示器的外部整体形态，所以它的编排形式只能限制在长方形的界面中。由于网络空间的无限广大性，任何组织和个人随时都可以利用这样的界面进行自我宣传。图8-47中的网页设计以连续的图案来铺满整个背景，灵活运用网页背景对网页产生视觉美感，主次分明，紧贴主旨，恰到好处地对网页主题起到了烘托作用，使网页画面协调统一。图8-48设计者将网页以单元格的形式设置不同的页面背景，设置各个单元格的背景，将不同的信息板块通过背景色区分开，并对视觉次序有一定的引导性，并对信息进行组合、分层。

图8-47 网页设计

图8-48 网页设计

2. 主页

几乎所有的网站都必须要有自己的主页，主页如同一本书的封面，所不同的是它常将目录内容与之综合，继而形成独特的界面。由于主页设计的多样性，许多客户并未将主页与目录页合二为一，而是相互独立。主页界面出现后，读者通过点击相关的内容按钮便可进入到下一个子目录。主页界面的编排不同于其他出版物，它需要充分利用主界面的有效区域，没有天头地脚的划分，所出现的空白也仅限于设计中的正负形的需要。同其他设计一样，主页设计要求界面编排个性化。正是由于网络设计公司通过对主界面的个性化设计，才得以将网页编排水平推向一定的高度。在主页的内容方面，虽然设计手段和设计风格千变万化，但作为宣传方来说都希望在视觉感观上以最醒目的方式，迅速抓住读者，以使得浏览者在短时间内做出是否进入下一页的冲动。图 8-49 为具有科技感的主页设计，在结构的安排上比较单调，因为内容丰富，所以必须使用大量文字进行描述，因此信息内容上安排得比较紧，色彩的运用比较单一和死板，整个页面的视觉表现上显得很单调。图 8-50 中的游戏网页特点鲜明，内容和艺术表达形式有机融合，选取与游戏相关形象作为视觉主体，创造出强烈的视觉效果。网站主页主题思想的条理性与网页元素空间组合方式合理统一，突出主题，提高了浏览者对游戏网页的注意力。

图 8-49　科技型网站主页　　　　　　　图 8-50　游戏网站主页

3. 辅页

点击主页中的某一个子目录功能按钮，界面自动进入辅页。由于辅页内容的不确定性，常常会引起由首页至尾页的雷同局面。编排中应尽量利用文字的组合变化和图形的穿插来解决这一问题。整体设计上，辅页的设计风格应与主页一致，辅页并不能因为某些版块内容的限制，而造成风格上的大起大落。图 8-51、图 8-52 子目录页面设计主要是对主页面设计风格进行延伸，用文字组合排列来展现，开门见山，一目了然，逻辑清晰，条理分明，让浏览者可以很快找到自己需要的内容，实用性强。

图 8-51　子目录页面　工程解决方案　　　　图 8-52　子目录页面　我要投资

4. 网页编排的手段

网格设计必须与界面的滚动条、链接键设计相配合，滚动条、链接键的功能直接对辅页的链接产生影响，这样就形成了网页界面与普遍印刷品功能上的自然差异。

滚动条是用来翻动界面内容的控制键，它的设计方法形式多样。有的是用图块的走动进程为手段，有的则以按钮的跳动、闪耀形式出现，有的则以符号、箭头作为翻动的机关等。滚动条之所以重要，是因为它承担着重要的功能作用。图 8-53、图 8-54 中滚动条的设计有利于加快浏览者的阅读速度，增大展示空间，不再受网页固有尺寸的限制，可以肆意发挥自己的创意，有一定连续性，符合现代人获取信息的偏好。

图 8-53 图块的移动来跳转　　　　　图 8-54 箭头的指示来跳转

5. 动画设计

动画设计在网页设计中占有很大的比重，动画的形成并非以单一的面貌出现，它常与平面设计的其他手段相互配合，这也是网页设计与印刷品设计最大的区别。动画还可以通过音频声响与动画同步，通过摄像头进行现场直播，内容则可以通过静止的界面按钮与图形、文字相配合。网页设计常常在静止的界面中，利用某一个动画人物或物体突然的动态打破或界面的形态中止，如果这一画面定格在某一区域，形成静态的版面，那么编排上瞬间将会出现一连串的多变的界面。设计师应将出现的界面形态动画线路设计好，再由网络工程师通过相关的技术手段链接，在相关技术的努力下，可将出现的动态界面加以控制。图 8-55、图 8-56 网页局部采取动态效果，在编排形式上与海报型网页结构相似，另外在其中加入了具体有交互作用的动态效果和音频，能够展现更为丰富的视听效果，使浏览者产生身临其境之感。

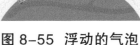

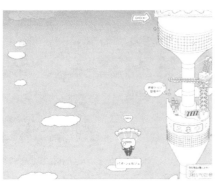

图 8-55 浮动的气泡　　　　　　　图 8-56 飘动的云

8.7.3 编排要素

1. 字号、字体、字距

网页设计通常多采用 12 磅字作为阅读正文，小于 12 磅的文字阅读起来显得十分吃力。由于目前的显示器分辨率还达不到印刷网线的清晰度，因此，过小的字号必然会造成阅读障碍。当然有些网站为了获得编排上的层次美感，也常将一些不重要的部分用 9 磅字来编排，其目的是为了增加版面字号的级数变化。

几乎所有的中文网站所选用的核心字体皆为宋体、黑体系列字库。拉丁文网站则选择接近于无脚装饰线体或罗马体系列字库等。那种以装饰手段为特征的字体不适合用于大段的文本阅读。

网页界面中文字的行距，其规律类似于书籍、杂志的版面设计，并没有特别之处。行距通常为字号的 3/4 或 1/2，行距过窄或过宽均会妨碍阅读目力，过窄会使得目光扫描产生字形的空间混淆，过宽则会造成阅读连续性的中断。图 8-57、图 8-58 画面之所以使人感到轻松而具有均衡的形式感，是因为设计者把最佳视域留给了页面中横贯画面的图片。设计师会把公司的标志和最新发布的新闻等重要的信息放在页面的左上角或页面顶部，这样重要的信息容易被浏览者发现，而不是把重要的信息深藏在多层链接之后。上部分让人感觉舒服、自在、积极、高昂；下部分具有稳定性，给人以沉稳的印象；左半部分让人感觉轻松、富有活力；右半部分则感觉庄重。心理学家葛斯泰在研究画面视觉规律时，得出的结论为：上侧的视觉诉求力强于下侧，左侧的视觉诉求力强于右侧，界面的左上部或中上部称"最佳视域"。

图 8-57 网页版式

图 8-58 网页版式

2. 图形、图像

与文字具有同等重要地位的图形、图像作为网页编排元素有着无限发展的前景。图形是由图形设计师富于创意想象的意象图片，其创作手法多种多样；图像则为二维、三维动态影像或静态图像。图形编排时可采用图片叠加位置交错、退底、描边、镂空、出血等手法，影像在版面中按预先的设定可以自由活动，极大生动地丰富了版面的内容。

（1）图片叠加。

图片叠加是将图片依据版面空间位置，使图与图之间形成部分叠加关系。叠加须依照形式法则，按照疏密、大小等关系叠加，使之形成一定的节奏感。

（2）位置交错。

图片的位置交错将依据网页图片数量而定，量少的图片不能形成交错，要使之丰富需在底部图块上增加变化，使底图与图片形成一定的错位关系；若版面图片量大，图与图之间可以依据重点突出、次要弱化的原则，将多幅图片缩放错位排列。

（3）退底、描边、镂空。

选择一幅图片，到底取舍哪一部分，应根据需要而定，有的图片必须要退底，取主要形态作为版面构成元素，而有的图片则需描边、镂空、切割，只取所需部分，运用这种方式排列版面，可以让人感到轻松、活泼，具有动感。

（4）出血。

对于重点图片，处于版面较突出的部分应做出血处理，使之在整个版面链上富于有大小、高低、起伏、节奏变化。

（5）动态图像与文本编排。

网页按预先的设计，合理地编排文字，其中穿插动态图像。在阅读的过程中，常有动态图像突然插入进来，使得版面形成新的形式。对于这类图文编排，设计师应依照编排的形式法则，预先设计动画路径，无论图片放在哪里，始终在界面中处于良好的视觉位置。以图为主的界面，可以运用动画手段将文字设计成可以跑动并富有神态的造型，使文字富有动感表情，与影像、图片形成一个整体。图 8-59 网页用居中排版方式将整个网页串联起来，把设计的元素安排在一个线性的序列空间里，平行垂直的线性排列形式富有规律性，有极强的律动感，给人逻辑严谨、思绪缜密之感。图 8-60 网页采取上下分割的编排方式，上半部分为图片，下半部分为文字，用图片营造视觉氛围，用文字进行详细的解说，活泼而又清晰明了。图 8-61 运用镂空图片和文字形成散点式编排，将包的轮廓形状与文字进行有跳跃感的编排，使网页整个篇幅版面富有情趣。对图片大小进行主次调整、分配，注意疏密均衡，疏而不空，密而不乱。图 8-62 为位置错落有序的图片编排，给人以蒙德里安的冷抽象构图风格之感，水平线、垂直线构成方形格局的编排设计，展现独特的编排特点。四周的空白更是给人以想象的空间，引人无限遐想，"此时无声胜有声"留白的表现形式凸显了设计的内涵和品位。

图 8-59 图文编排　　　　　　　　　　图 8-60 出血图片

图 8-61 镂空图片

图 8-62 位置交错

3. 色彩

网页文本的颜色多为黑色，但有时也可使用层次丰富的有色彩的底色作为背景，当然也可根据需要适当变换文本自身的色彩，但宗旨为不干扰阅读。一方面，色彩选择的目的是为了便于阅读和区域划分，另一方面，也是为了版面美观，所选色彩多为清淡的灰色，那种对比强烈的色彩一般慎用。图 8-63 灰色调带给人雅致、冷静、朴素、柔和等感觉，对网页灰度进行了系统的规划，使画面和谐，风格统一，给浏览者完整有序的视觉印象。图 8-64 运用深灰色背景突出主要内容的图片或者文字,暗色调带给人成熟、充实、大气、朴素、大方的感觉。

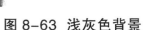

图 8-63 浅灰色背景　　　　　　　　　　图 8-64 深灰色背景

8.7.4 网页设计的构图

网页中构图形式多种多样,基本的网页构图分为以下几个方面:横向构图、交叉式构图、中心式构图、方格式构图、自由式构图等。

横向构图是指将页面分为几个部分,以横向的方式进行排列,这种排列方式整齐大气、规矩稳重,是编排中经常采用的方式。每一部分之间可以通过色块进行连接,块面之间的面积可以是分布均匀的,也可以是大小不等的。一般整体的形象图被置于画面的顶端,在具体的块面范围内,可以分割为局部的小块面,以此增加画面的层次性,使页面不至于太呆板。图 8-65 中的网页编排大方得体,纵观整个网页给人以舒适、实用感,信息表达流畅清晰,内容可视性可读性强。

图 8-65 横向构图

交叉式构图的特点是灵活多变的划分页面的比例关系,使区域分布更加合理明确,使浏览者可以更快找到想要的信息。图 8-66 交叉式构图中图文相融合,动中有静,静中有动,相互呼应衬托,文字图形互相穿插,虚实结合,丰富了信息的可

图 8-66 交叉式构图

视化。

　　中心式构图是将主要信息置于页面的中心位置，其他的位置可以是颜色的过渡或明度的变化，这种编排设计多用于信息量少的页面。

　　方格式构图是将页面分割成若干方格区域，方格内放置信息或图片，具有很大的灵活性，可以通过色彩或边框等元素来进行统一。方格式构图适合信息量大、错综复杂的网站，如购物类网站。图 8-67 是水平线、垂直线方形格局的编排设计，将设计元素置于其中进行构图。这种构图比较灵动、轻松。将信息进行分组编排，浏览者可以更快速、更便捷找出自己所需的内容。

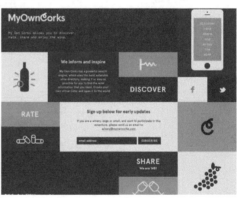

图 8-67 方格式构图

自由式构图相对以上几种在编排上更为随意，营造出一种个性自由的视觉感受，这种构图形式注重图片与文字的配合，具有大气、醒目的特点。在编排时，要注意各元素之间的配合关系，做到主次分明，前后统一。图8-68中的自由式构图显得更加灵活和多样化，在表达大量信息的同时营造出舒适、轻松的气氛，让人们在浏览的过程中得到身心的放松，个性表达的同时达到与浏览者情感上的共鸣，体现设计为人服务的理念。

图 8-68 自由式构图

课后习题

1.收集不同类型的版式设计作品,体会版式设计在不同媒介中的设计应用规律。

2.利用所学知识，选择包装、招贴、书籍、户外广告、网页设计项目中的其中一项进行版式设计创作。